八郎潟・八郎湖の魚 —干拓から 60 年、何が起きたのか

目　次

はじめに ……………………………………………………………… 1

1．八郎潟・八郎湖の位置 ………………………………………… 3

2．八郎潟から「八郎湖」へ ……………………………………… 4

3．八郎潟・八郎湖の魚類
　(1) 魚類 119 種 ……………………………………………… 9
　　①ヤツメウナギ目 …………………………………………… 9
　　②エイ目 ……………………………………………………… 10
　　③ウナギ目 …………………………………………………… 10
　　④ニシン目 …………………………………………………… 11
　　⑤コイ目 ……………………………………………………… 12
　　⑥ナマズ目 …………………………………………………… 20
　　⑦サケ目 ……………………………………………………… 21
　　⑧アンコウ目 ………………………………………………… 25
　　⑨タウナギ目 ………………………………………………… 25
　　⑩トゲウオ目 ………………………………………………… 26
　　⑪ボラ目 ……………………………………………………… 27
　　⑫ダツ目 ……………………………………………………… 28
　　⑬スズキ目 …………………………………………………… 29
　　⑭カレイ目 …………………………………………………… 44
　　⑮フグ目 ……………………………………………………… 46
　(2) エビ類、貝類など 11 種 ……………………………… 47

4．八郎潟・八郎湖をめぐるエピソード
　(1) 船越水道は魚の入り口・出口 ………………………… 51
　(2) コイの実態 ……………………… 57
　(3) ウナギはどこからくるの？ …………… 60

（4）八郎潟から絶滅した魚　ゼニタナゴとシナイモツゴ ……………… 64
（5）八郎潟に生息していたウケクチウグイ ………………………………… 67
（6）外来魚の現状とオオクチバスの動向 …………………………………… 69
（7）八郎湖に繁殖したタウナギ …………………………………………………… 73
（8）ワカサギとチカ－菅江真澄が見た魚たち ……………………………… 75
（9）八郎潟・八郎湖の食文化 ………………………………………………………… 80

5．報告書
（1）潟上市における八郎潟魚類標本 …………………………………………… 89
（2）八郎潟の干拓にともなう漁業資源の変遷 …………………………… 97

6．八郎潟・八郎湖の魚類リスト ……………………………………………………107

おわりに　………………………………………………………………………………………113

参考文献　………………………………………………………………………………………114

索引　………………………………………………………………………………………………117

※表紙イラストは上から順にニホンウナギ、ジュズカケハゼ、シラウオ、ワカサギ、
　スジエビ、ギンブナ、イトヨ、メナダ、クルメサヨリ（デザイン：杉山文子）

はじめに

　1957（昭和32）年に国営八郎潟干拓事業が始まり、1961（昭和36）年防潮水門が設置され、魚が海水と淡水を自由に移動していた「八郎潟」は、内側（淡水）と外側（海水）に分断されて現在の「八郎湖」になった。それから約60年経過し、何が変化し、何が変化しなかったか。この本は魚類図鑑であると同時に、干拓の経過を魚類から見たものだ。

　かつて、八郎潟は琵琶湖に次ぐ日本第2の湖であったが、干拓事業が始まり地域の住民や漁業者は「残った水の中から、巨大な魚が出てくるのではないか」とか「干拓で魚はいなくなり、漁業もつくだ煮も終わりだ」などと考えていたという。

　実際はどうなったのだろうか。確かに干拓により広大な陸地はできたが、それでも日本第2の湖の約5分の1に相当する水域が残るとともに、そこには今でも多くの河川が流入している。

　八郎潟時代の魚類に関する資料に、秋田県水産試験場による1916（大正5）年9月発行の「八郎湖水面利用調査報告書」がある（秋水試,1916）。これは「第1編　理化学的調査」、「第2編　生物学的調査」、「第3編　漁業調査」からなる118ページのもので、約100年前にここまでの調査を行ったことに驚かされる。巻末にはその調査の理由として、「琵琶湖では明治41年より向こう11カ年計画のもとに保護と繁殖をはかり、湖の生産力を増進しその効果の顕著なる実例あり」と述べている。当時、国内第2の湖である八郎潟の担当者がいかに意欲と責任感を持って調査に当たったかが読み取れる。

　戦後は「八郎潟調査研究資料第1号」（秋水試,1953）が出され、その中で「八郎潟の根本的調査研究を開始」（水野,1953）と述べ、「八郎潟調査研究資料第2号」（秋水試,1953）および「八郎潟調査研究資料第3号」（秋水試,1954）が出され、その後の調査・研究の充実が期待された。しかし、1957（昭和32）年には干拓事業が開始され、その前後についての調査資料はほとんど見当たらない。干拓により残った水面は、ある意味魚が生息する場所というより、単に、灌漑のための「水がめ」と見ていたのだろう。

　そのような中で秋田県は1967（昭和42）年、八郎潟町に秋田県八郎湖増殖指導所を設置した。当初の事業は「イケチョウ貝人工採苗試験」、「まるたにしの増殖実験」、「うなぎ網生け簀養殖試験」、「コイ網生け簀養殖試験」などの標題のとおり、水面をいかに利用するかが目的で、残った水面の実態を把握するために調査研究を行うことはなかった。

　しかし、1972（昭和47）年に秋田県内水面水産指導所に改称し、1991（平成3）年には水産試験場を改廃し、現在の秋田県水産振興センターとして海面と内水面を統

1

合した。ちなみに、私自身は1978（昭和53）年から5年間にわたり技師としてその内水面水産指導所に入り、八郎湖のワカサギの定置網調査や県内の河川や湖沼の調査などを行い、統合後も内水面利用部に属したこともあり、今も様々な形で八郎湖と関わっている。

　八郎潟、八郎湖の名称はどうであれ、そこに生息していた魚類は突然まったく異なったのではなく、その両者は様々な変化をしながらも連続し、一部は絶滅し、一部は国外産や県外産が放流、定着されていった。本書では干拓前と後で認められたすべての魚類について、何があったのかという観点からコメントした。また、興味深いことや新たに明らかになったことなどについて「エピソード」で述べた。

　いま、地元の住民は「八郎潟」、「残存湖」あるいは「潟」と呼び、県の関係者は「八郎湖」、「八郎潟調整池」と呼び、漁業者は単に「がた」や「かた」と呼ぶこの水域に、さまざまな立場から各種の問題が出てきている。しかし、秋田県民にとって八郎潟はこれまでもきわめて重要であったし、これからも重要性は変わらないはずである。

　まずは過去と現在にどんな魚が生息し、人間とどう関わってきたかを考えることから始めよう。

　本書で使用した写真は、所有者の記載が明記していないもの以外は、筆者が撮影したものです。また、参考にした本や文書は文中に明記するとともに、参考文献の項に記載しました。

1．八郎潟・八郎湖の位置

　最初に、八郎潟・八郎湖の位置を見てみよう。そこは、北緯40度と東経140度がぶつかった場所で、1960年代初頭までは八郎潟と呼ばれ海面より低い位置にあり、その後は干拓により大地の大潟村と八郎湖と呼ばれる水面になった（図1）。現在、そこには経緯度交会点という表示塔が建てられており（写真1）、北緯40度ライン上には、北京、ナポリ、マドリード、ニューヨーク、などがあり、東経140度ライン上にはハバロフスク、ニューギニア島、などがある（大潟村による解説碑）。

　またこの図を見ると、その場所は男鹿半島の基部にあり日本海に面し、対馬暖流が北上していることがわかる。このため、秋田県沿岸では暖かすぎてホタテガイやマコンブが生息できない理由もわかってくる（ホタテガイやマコンブの生息海水温は23℃以下であるが、秋田県沿岸では夏期には25℃以上になる）。そしてこれらのことが、八郎潟・八郎湖に生息する魚類の背景となっているのだ。

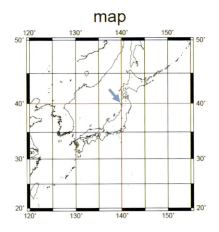

図1　北緯40度と東経140度の経緯度交会点（矢印）

写真1　経緯度交合点の表示塔（大潟村）

2．八郎潟から「八郎湖」へ

　干拓により「八郎潟から八郎湖へ」あるいは「汽水湖から淡水湖へ」という言葉を聞き、それに関する写真を見ることも少なくない（図1）。しかし、八郎湖とは何を指しているのだろうか。秋田県によるパンフレット「八郎湖の概要について」を見てみよう（秋田県生活環境部環境管理課八郎湖環境対策室，2018一部改変）

　これによれば「八郎湖は、秋田県の中央西部、男鹿半島の付け根に位置し、昭和32年から始まった八郎潟干拓事業によって残された3つの水域（八郎潟調整池、東部承水路及び西部承水路）を合わせた総称」である。名称と場所は図2のとおりである。

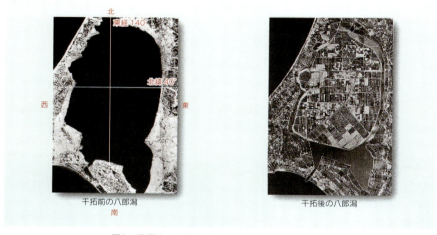

図1　干拓前の八郎潟（左）と干拓後の八郎湖（右）

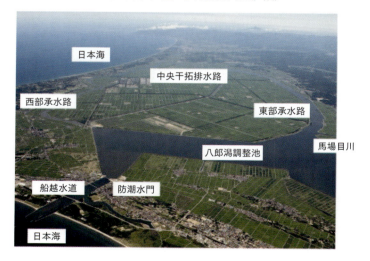

図2　八郎湖の位置と名称

これに従えば、「八郎湖」には船越水道が含まれていない。また、魚類が遡上、降下する流入河川の存在も入っていない。すなわち、次のとおり、八郎潟（A）は汽水湖で魚がいたが、八郎湖（B）は魚の存在を無視して淡水の貯水池として作られたものなのだ。

　A：八郎潟＝全水面＝汽水
　B：八郎湖＝八郎潟調整池＋東部承水路＋西部承水路＝淡水湖
　C：「八郎湖」＝八郎湖＋船越水道＋流入河川＝淡水域＋汽水域＋流入河川

　このため本書では、行政上の八郎湖だけではなく、船越水道そして流入河川を含めた場所（C）を「八郎湖」と呼ぶことにしよう。その上で、日本海と防潮水門との関係および八郎潟と八郎湖を比較した（図3、写真1～2、表1）。

図3　日本海と八郎湖との模式　（秋田県生活環境部環境管理課八郎湖環境対策室,2018）

写真1　防潮水門（左側が日本海、水門の内側が淡水湖）

写真2　大潟富士（大潟村内にある標高0ｍの「日本一低い山」）

表1　八郎潟と八郎湖の比較

表　八郎潟から八郎湖へ-何が変わったのか

項　目	八郎潟	八郎湖	備　考
大きさ	日本第2位	18位	
面積	220.24km²	47.32km²	21.5%が残っている
	全域	八郎潟調整池＋東部承水路＋西部承水路	船越水道と流入河川が含まれていない
水域	汽水域	淡水域	船越水道は汽水域
周囲距離	78km	51.5km	中央干拓堤防延長
流入河川	約20河川	21河川	
水深・平均	3m	2.8m	
水深・最深	4.5m	12.0m	
湖水位（平均潮位）	50cm	＋50cmから＋1m	非灌漑期から灌漑期
貯水量	約6.6億m³	約1.1億m³	近藤（2016）
流出量		11～16億m³	回転10回以上/年,近藤（2016）
干拓事業	1957年（着工）	1977年（竣工）	
防潮水門設置	1959年（着工）	1961年（締め切り）	旧水門（1961～2001）
船越水道の直線化	1962年10月～1964年3月		旧船越水道は閉鎖
水門新設置		2001～2007年	旧水門から上流20mに設置
指定湖沼		2007年（11番目）	湖沼水質保全特別措置法の指定
漁業者数（最大～最小）	1,093名（1975）	134名（2017）	1966年八郎湖増殖漁業協同組合（当初988名）
漁獲量（最大～最小）	15,940トン（1956）	174トン（2014）	1.1%に減少
魚類種数	73種（片岡，1965）	118種（杉山，2013）	119種（杉山，2019）本書

　右ページに現在の八郎湖の写真を示す。そこは単に貯水池や水路ではなく、魚が生息し、漁業者が生活する場所として残された広大な水面や流入河川である。

写真1　船越水道（手前は水道、奥は日本海）

写真2　船越水道の防潮水門ゲート

写真3　大久保から八郎潟調整池へ見る

写真4　塩口漁港

写真5　東部承水路から八郎潟調整池を見る

写真6　東部承水路から大潟橋を見る

写真7　西部承水路（バス駆除調査）

写真8　流入河川の馬場目川上流

7

図録の説明（9～50ページ）

① → **カワヤツメ** *Lethenteron camtschaticum* ②
③ → ヤツメウナギ科
④ → 八郎潟（全域）・八郎湖（船越水道・流入河川）
⑤ → 遡河回遊魚
⑥ → RL：環境省 2017 VU　RDB 秋田県 2016 EN
⑦ → 八郎潟では12～4月に水道付近で漁獲され、徐々に流入河川で獲れた（片岡,1965）。
　八郎湖では、最近は海から遡上した成魚

カワヤツメ雄の成熟個体　5月　馬場目川

八郎湖内の降海個体　2013年4月　全長134mm

①名前：日本語の一般的名称（標準和名でカタカナ）
　外来魚については、外国外来魚（本来の生息域が国外である魚）か国内外来魚（本来の生息域が国内の他地域である魚）か入れた
②学名：ラテン語による属名と種名
③科名：それが属するグループ
④分布域：主としてどこに生息していたか
⑤魚類の生活型
　産卵や生息などを海水と淡水との関係から生活型に分類。通し回遊魚は3型に分けた
　(1)　純淡水魚……一生を淡水域で生活：ギンブナ、ドジョウ等
　(2)　通し回遊魚…一生の間に海と淡水域を移動
　　　1）遡河回遊魚　淡水でふ化→海に生活→淡水に遡上し産卵：サケ類等
　　　2）降下回遊魚　海でふ化→淡水に生活→海に降りて産卵：ウナギ、カマキリ等
　　　3）両側回遊魚　淡水でふ化→海に生活→淡水に生活し産卵：アユ、ウキゴリ等
　(3)　汽水魚………一生を汽水域で生活：ヒモハゼ、ビリンゴ等
　(4)　偶発性魚……主に海で生活し偶発的に侵入：マアジ、ホッケ等
⑥絶滅のおそれのある野生生物の種のリスト
　RL環境省2018：環境省が2018年に公表したレッドリストの評価基準
　RDB秋田県2016：秋田県が2016年に発刊したレッドデータブックの評価基準
　評価基準の略語は次のとおり。
　EX：絶滅、CR：絶滅寸前、EN：絶滅危機、VU：危急、NT：準絶滅危惧、
　DD：情報不足
⑦干拓前の八郎潟の魚類と干拓後の八郎湖の魚類について、漁獲量や生態などを説明。
⑧八郎湖で採捕したものを使用したが、一部は秋田県内の別地点を使用した。魚類の長さは全長および体長を把握したが、わかり易いため出来るだけ全長だけとし、測定は大型個体では「cm」、小型個体では「1/10mm」とした。

8

3．八郎潟・八郎湖の魚類

ヤツメウナギ目

スナヤツメ類　*Lethenteron* sp. N and/or sp.S
ヤツメウナギ科

八郎潟（水道除く全域）・八郎湖（流入河川）
純淡水魚
RL 環境省 2018 VU　RDB 秋田県 2016 VU

スナヤツメ雄成体　2014年5月24日
雄物川水系　体長10.3cm

アンモシーテス幼生（約1年経過個体）
2018年6月24日　馬場目川　全長7.9cm

　八郎潟では船越水道をのぞく潟の沿岸一帯に生息していた（片岡，1965）。
　干拓後は、湖岸で生息することは出来ず、流入河川の水温が低く清澄な砂礫底でのみ生息し、6～7月に産卵する。一生を淡水にいて、ふ化後数年は眼がない状態（アンモシーテス幼生）で成育し、数年で眼が出て成魚になり、産卵後は死ぬ。
　県内に生息するスナヤツメ類は、「スナヤツメ南方種」と「スナヤツメ北方種」との2種がいるが、両種を「見た目」で識別することは困難で、DNA分析による以外にない。

カワヤツメ　*Lethenteron camtschaticum*
ヤツメウナギ科

八郎潟（全域）・八郎湖（船越水道、流入河川）
遡河回遊魚
RL 環境省 2018 VU　RDB 秋田県 2016 EN

カワヤツメ雄の成熟個体　5月
馬場目川（背側は黒色で、吸盤は強い）

八郎湖内の降海個体　2013年4月　全長13.4cm
（尾部後端は、黒色が出る）

　八郎潟では12～4月に水道付近で漁獲され、徐々に流入河川で獲れた（片岡，1965）。
　八郎湖では、最近は海から遡上した成魚は、定置網や流入河川で年に数尾が採捕される程度である。
　4～5月に馬場目川の小礫底で産卵し、その後数年は岸寄りの軟泥の暗い場所にいる。この期間アンモシーテス幼生と呼ばれ眼がない状態で、15cm程度になると眼が出現し、河川から湖内を経由して海へと降りる。海で数年後50cm程度に成長すると、産卵のために船越水道を経て馬場目川に入り産卵する。顎がなく吸盤状を呈する。味噌や醤油の鍋にするが、最近は激減している。

エイ目

アカエイ　*Dasyatis akajei*
アカエイ科

八郎潟（全域）・八郎湖（船越水道）偶発性魚

　江戸時代の菅江真澄は、八郎潟の船上から大型のアカエイをモリで刺している風景を残している。当時の潟は水がきれいで、上から見えるほどだったと思われる。干拓前までは体長50～80cm、体重4～20kgのものがまとまって漁獲されていた（片岡, 1965）。
　干拓後も船越水道では本種の小型個体が確認されるが、個体数は少ない。潟村内水路で2002年5月25日に1個体が採捕・確認している（大潟村干拓博物館収蔵）。

1999年12月8日　全長41.2cm
男鹿市北浦産（海産個体）
左：個体の表　　　右：同左個体の裏
（尾部はヒモ状で、毒を刺す数個の棘がある）

大潟村　2002年5月25日　全長32.8cm

ウナギ目

ニホンウナギ　*Anguilla japonica*
ウナギ科

八郎潟（全域）・八郎湖（全域）主として放流個体
RL 環境省 2018 EN　RDB 秋田県 2016 DD

　八郎潟では1896年から宮城県松島湾の小型個体数百kgが継続して放流されていた（秋水試, 1916）。漁獲量は1950年代から激増し、1956年には250トンを記録した。
　干拓後の漁獲量は皆無となった。しかし近年は小型個体を放流しており、漁獲量は定置網を主体に毎年200kgから2トン程度となっており、高価であり重要魚種の1つである。最近でも三種川沖で113cm、2.8kgのものが採捕されたこともある。しかし、シラスウナギと呼ばれる遡上稚魚を確認した例はない（参照P.60）。

2013年5月潟上市天王沖産。

同上　頭部　定置網により漁獲されたもので、胸から腹にかかって黄色が強い

ダイナンウミヘビ　*Ophisurus macrorhynchos*
ウミヘビ科

八郎湖（船越水道）偶発性魚

　八郎潟では記録がない。
　干拓後、船越水道で全長約1mの個体が、夜釣りにより偶発的に採捕された（杉山, 2011）。体は細く、吻は硬く細長く尖っており、歯は鋭い。県内では秋田港内のほか、男鹿半島沖で全長227cm（2004年6月9日さし網）などの記録がある。

2003年6月　秋田県港内　釣獲　全長138cm
（写真は海産個体）

マアナゴ　*Conger myriaster*
アナゴ科

八郎湖（船越水道）偶発性魚

八郎潟では記録がない。
　干拓後、船越水道で全長約40cmのものが偶発的に確認されたことがある（杉山, 2011）。ウナギに見えるが、体側に明瞭な白色が頭部から尾部まで点線のように連続している。県内では比較的少なく、50cm程度のものが底引き網漁業で混獲されることがある。

2006年6月　男鹿半島　全長41cm
（写真は海産個体）

ニシン目

マイワシ　*Sardinops melanostictus*
ニシン科

八郎湖（船越水道）偶発性魚

八郎潟では記録がない。
　干拓後、船越水道のJR跨線橋で、20cm程度の成魚が表層で口を大きく開いて群泳しているのを見ることがある。プランクトンをとるための摂餌と考えられるが、偶発的に認められる程度。県内での漁獲量は少ないが、夏から秋にかけて潟上市沖の定置網で混獲されている。

2008年9月19日　男鹿市　全長20.3cm
（写真は海産個体）

サッパ　*Sardinella zunasi*
ニシン科

八郎潟（全域）・八郎湖（船越水道）偶発性魚

八郎潟では「漁者ハ一般ニこのしろト混同シテ呼バル」（秋田県水産試験場, 1916）と述べており、コノシロとともに混獲されていた。
　八郎湖では、小型個体が船越水道でわずかに認められることがある。

全長10cm程度で、腹縁に強い稜鱗を持つ。
（写真は海産個体）

ニシン　*Clupea pallasii*
ニシン科

八郎湖（船越水道）偶発性魚

八郎潟では、本種は「海水とともに入湖している」と述べている（片岡, 1965）。
　干拓後は認められていない。現在、成魚がまれに男鹿半島沿岸の定置網漁業や底びき網漁業で認められることがある。

男鹿市台島2009年4月13日
体長30.7cm　体重264g
（写真は海産個体）

11

コノシロ　*Konsirus punctatus*
ニシン科

八郎潟（全域）・八郎湖（船越水道）偶発性魚

　八郎潟では、5～7月に成魚は八郎潟に大量に遡上していた（片岡，1965）。
　八郎湖では、現在も船越水道周辺の定置網で大量に漁獲されるが、あまり利用されていない。7～8月になると、今年生まれの稚魚が船越水道閘門直下まで出現する。この個体が翌年5～6月には「シンコ」と呼ばれ、漁協では氷で袋で丁寧に扱い、寿しネタとして非常に高価で売られている。成長に従い、えら蓋後方に大きな黒斑紋が出て、背鰭の最後軟条は長く糸状に伸びる。

2016年8月　米代市（写真は海産個体）

2008年8月　船越水道　体長2.9cm

カタクチイワシ　*Engraulis japonica*
カタクチイワシ科

八郎潟（全域）・八郎湖（船越水道）偶発性魚

　八郎潟には、6～8月に成魚主体に幼魚も混じり大量に遡上していた（片岡，1965）。

2017年7月8日　秋田市（写真は海産個体）

　八郎湖では、2003年6月に船越水道のJR跨線橋下流で70mm前後のものが多く認められた。今でも、8月に船越水道で幼魚から成魚まで各サイズのものを見ることがある。名前のとおり下顎が短く、稚魚は透明でシラスと呼ばれている。

コイ目

コイ　*Cyprinus carpio*
コイ科

八郎潟（全域）・八郎湖（全域）純淡水魚
国外外来魚（原産地：ユーラシア大陸）

　コイは八郎潟を代表する魚種のように考えられているが、実際には「当湖に産する鯉は河川並びに湖沼より脱出して入湖せるものなれば、その量きわめて少なく1か年わずかに数十尾を漁獲するに過ぎざる」（秋水試，1916）であった。また、1950年以降からの漁獲量記録では、1963年の4トンが最初であった。
　最近の研究によれば、国内に生息するコイは大陸から移入されたもので（江戸時代から移入されていたと考えられるが、確実な記録は1904年か1905年である）、在来魚ではないと考えられている（馬渕，2018）。

2011年12月3日調整池　全長51.6cm

2011年7月9日　コイ当歳魚　西部承水路
全長4.7cm　体長3.6cm

　一方コイは、泥中の貝類やミミズ類、水生植物などを摂るため、底質がかく拌され、水質悪化・富栄養化、堤体の損壊など影響が大きく、アメリカやオーストラリアなどでは国際自然保護連合（IUCN）の「世界の侵略的外来種ワースト100」に入れている（参照P.57）。

ゲンゴロウブナ　*Carassius cuvieri*
コイ科

八郎潟（全域）・八郎湖（全域）純淡水魚
国内外来魚（原産：琵琶湖）

2011年12月3日
大潟村
全長37.9cm

2011年7月3日
大潟村
全長8.2cm

　琵琶湖原産であるが、一般的には「へらぶな」と呼ばれ、釣り対象に全国各地に放流している。秋田県でも「昭和11（1936）年12月に象潟町養殖場から源五郎鮒を購入し、馬場目川河口沖合に体長4.5〜7.5cmの稚魚50,500尾を購入・放流」（秋水試, 1938）など、連続して大量に移殖されており、現在も湖内、河川に広く生息している。
　在来魚のギンブナと比較して、体色は銀白色が強い、大型になる、鰭が大きい、体高が高い、尾の末端がとがる、背鰭の基底が長いなどの特徴がある。

ギンブナ　*Carassius.langsdorfii*
コイ科

八郎潟（全域）・八郎湖（全域）純淡水魚

2008年5月10日
東部承水路
全長28.3cm

2011年5月14日
南の池
全長6.7cm

　地元では「まぶな」と呼ばれ、ゲンゴロウブナとは区分しており、食用にはギンブナだけを利用している。「鮒は当湖に棲息する重要魚類」（秋水試, 1916）で、「潟でもっとも多く、全水域に生息」（片岡, 1965）していた。実際、フナ類漁獲量は1955年から1959年にかけて千トンから3千トンで、魚種別漁獲量では常に3位内に入っていた。
　干拓後、八郎湖の漁獲量は減少し、直近の2017年では、わずか2トン以下まで激減している。甘露煮用の小型個体は激減しほとんど漁獲されず、大型個体は嗜好の変化によりほとんど流通せず漁獲しないようになった。

ヤリタナゴ　*Tanakia lanceolata*
コイ科

八郎潟（全域）・八郎湖（流入河川）純淡水魚
RL 環境省 2017 NT　RDB 秋田県 2016 EN

2011年5月14日
西部承水路
全長4.7cm
体長3.6cm
（尾鰭前端上方の
一部が破損）

2013年5月26日
雄個体
八郎湖に流入
する河川

　八郎潟では、池田ほか（1937）が三種川から報告している。
　干拓後は1970年代に実施した調整池の調査記録があり（杉山, 1985）、その後も西部承水路で確認されているが散発的で、最近はまったく認められていない。現在は、いくつかの流入河川でかろうじて生息している。
　全長8cm程度で、1対の長い口髭を持ち、成熟雄は尻鰭と背鰭が赤紅色となる。タナゴ類の場合、産卵するために小型の二枚貝は必須であり、その底質や抽水植物など多くの環境条件が必要である。

13

キタノアカヒレタビラ　*Acheilognathus tabira tohokuensis*
コイ科

八郎潟（全域）・八郎湖（流入河川）純淡水魚
RL 環境省 2018 EN　RDB 秋田県 2016 EN

2004年5月1日　雄
八郎湖に流入するため池

同左　雌

　最近になってアカヒレタビラが3亜種に分類され（Arai et al.,2007）、八郎潟のものは本種に分類される。八郎潟における本種の生息状況は不明であるが、1970年には八郎湖鹿渡産の標本が残されている。
　最近は湖内では認められず、いくつかの流入河川とため池でかろうじて生息している。全長8cm程度で、肩部に不明瞭な暗色斑と体側中央に暗青色の縦帯をもつ。5～6月の産卵期には、雄のしり鰭の外縁は赤色帯に白色の婚姻色を示す。

ゼニタナゴ　*Acheilognathus typus*
コイ科

八郎潟（淡水域浅所）・八郎湖（全滅）
純淡水魚
RL 環境省 2018 CR　RDB 秋田県 2016 CR

左：11年9月27日　雄物川水系　雄
右：17年10月4日　雄物川水系　雌（産卵管は黒色）

　八郎潟では本種のことを「きんたひ」と方言で呼ばれていた（秋水試，1916）。また「潟の水藻の密生した淡水域の浅所に住み、付着藻類を摂食」（片岡，1965）していた。
　産卵は9～10月で、二枚貝に産卵し翌5～6月にそこから浮上する。成長はきわめて速く、雄はその年の秋に成熟するものも少なくない。関東・東北地方に生息していたが、現在も認められているのは国内でも数カ所に過ぎない。
　日本固有で八郎潟が北限であったが、干拓以降はまったく確認されていない。八郎潟のゼニタナゴは標本も残っていないまま八郎潟から絶滅した。非常に残念なことである（参照P.64）。

タイリクバラタナゴ　*Rhodeus ocellatus ocellatus*
コイ科

八郎湖（全域）純淡水魚
国外外来魚（原産：東アジア）
生態系被害防止外来種リスト・重点対策外来種

左上：2011年7月3日　大潟村　全長6.2cm　雄
右：2011年5月14日　西部承水路　全長5.5cm　雌
左下：旧湖岸水路　稚魚（背鰭黒点が明瞭である）

　東アジア原産の外来魚で、1940年台にハクレンなどの種苗に混じり関東地方に導入された（中村，1969）。その後、観賞魚としての流通も分布拡大に寄与したものと思われ、現在では、ほぼ全国各地に分布している。
　秋田県で確認されたのは1977年雄物川であったが、すぐに八郎湖に定着したと推察される（杉山，1985）。西部承水路や中央幹線排水路に生息しているが、産卵のため母貝をめぐり近縁のタナゴ類と競争があると考えられる。環境省では「生態系被害防止外来種リスト」にタイリクバラタナゴを国外由来の重点対策外来種として、甚大な被害が予想されるため対策の必要性が高い、としている。

14

ハクレン　*Hypophthalmichthys molitrix*
コイ科

八郎湖（調整池・中央幹線排水路）　純淡水魚
国外外来魚（原産：東アジア）
生態系被害防止外来種リスト・その他の総合対策外来種

2002年5月2日　西部承水路
全長105.8cm　体重19.8kg

　本種は中国原産で、植物プランクトンを餌に1m以上も成長することから、戦争中に利根川に移殖された。八郎湖ではアオコを利用することを目的に、秋田県が1976年から1995年まで毎年数万尾の稚魚を霞ヶ浦から移殖・放流していた。本種は利根川以外では繁殖できないため一代限りで、2008年に中央幹線排水路から南部排水機場の柵に群れが引っかかったり、数年ほど前までは調整池や中央幹線排水路で認められたりしていた。しかし、ここ数年はまったく確認されていないようである。

オイカワ　*Opsariichthys platypus*
コイ科

八郎潟（全域）・八郎湖（全域）　純淡水魚
国内外来魚（原産：関東以西）

2010年6月22日　東部承水路に流入する河川
上：雄　下：雌

　県内でオイカワが認められるようになったのは戦後からで（杉山、1985）、「潟に現れたのは1950年頃」（片岡, 1965）である。三浦他（1953）は魚類相の報告書の中で、追加された種として本種を報告した。
　現在は馬場目川、鯉川、鵜川などの流入河川に多く生息し、調整池や東部承水路、西部承水路などでも普通に認められる。
　産卵期は6～7月で、流入河川の流れが緩やかな瀬の礫で産卵する。この時期、雌は強い銀白色であるが、雄の頭部には粒状の硬い白色の「追い星」が出現し、体側には緑色、赤色などの混じった派手な婚姻色を現す。

ソウギョ　*Ctenopharyngodon idellus*
コイ科

八郎湖（調整池・中央幹線排水路）　純淡水魚
国外外来魚（原産：東アジア）
生態系被害防止外来種リスト・その他の総合対策外来種

2011年12月3日　中央幹線排水路
全長99.8cm　体重10.0kg

　本種は中国など東アジア原産で、草魚という名前のとおりヨシやマコモなどの植物を餌に、1m、10kg以上も成長する。このため、食用として利用するため、戦争中に利根川に移殖された。八郎湖では中央幹線排水路における水草除去を目的に、秋田県が1973年から1990年代まで毎年2千尾程度の稚魚を霞ヶ浦から移殖・放流しており、体重が20kgを越えるものもいた。本種は利根川以外では繁殖できないが、中央幹線排水路では当時放流したものが今でも生き残りとなって少ないながら認められている。

アブラハヤ　*Phoxinus logowskii steindachneri*
コイ科

八郎潟（淡水域、流入河川）・八郎湖（流入河川）
純淡水魚

2016年11月23日　雄物川水系　全長13cm

「潟の淡水域の岸近くや注入河川の上流まで生息する」（片岡，1965）としていた。しかし干拓後、本種は馬場目川、鯉川などの流入河川には生息しているが、湖岸ではまったく確認されていない。

本種の生息場所が移動した理由は不詳であるが、干拓後の水質環境の悪化や産卵場となる砂礫がなくなったことなども影響したと推察される。

ジュウサンウグイ　*Tribolodon brandtii brandtii*
コイ科

八郎潟（全域）・八郎湖（全域）両側回遊魚
RL 環境省 2018 LP　RDB 秋田県 2016 VU

2013年5月26日八郎湖　全長51.5cm 体重1.3kg

これまでウグイの仲間は分類学的に混乱していたが、最近になって分布、形態などからジュウサンウグイとマルタの2亜種に分類された（Sakai, H.・Amano, S., 2014）。本種の全長は50cmを超え、鱗は細かく、産卵期となる春季には、背側は濃い灰色で腹側は白色に1本の朱色の縦帯がある。

八郎潟では「おくうぐい」、「せぐろ」と呼ばれていたが、生態や漁業実態は不明である。干拓後の調査では船越水道で全長10cm程度の小型個体が認められたことがあり、秋季から翌春季には大型個体が定置網に入網することがある。混獲されるが量的には少ない。

エゾウグイ　*Tribolodon sachalinensis*
コイ科

八郎湖（流入河川）純淡水魚
RL 環境省 2018 LP　RDB 秋田県 2016 VU

2012年7月8日　米代川水系　雌完熟　全長12.7cm

2017年12月21日　雄物川水系　全長5.2cm

秋田県ではこれまで本種の分布は雄物川水系と米代川水系でのみ確認されていた（杉山，1985）。しかし最近になって、馬場目川での魚類調査を通じて本種が個体数は少ないが、限定された範囲で認められるようになった。

一方、米代川水系の上小阿仁川に1966年に萩形ダムが建設され、ダムの杉沢発電所を馬場目川に放水されるようになった。馬場目川漁協の組合員によれば、それ以前は見ることはなく、特に本種の呼び名もないとのことであった。すなわち、現在、馬場目川に生息している本種は、別水系からの移動による可能性が否定できない。

ウグイ　*Tribolodon hakonensis*
コイ科

八郎潟（全域）・八郎湖（全域）両側回遊魚

2011年7月21日　東部承水路　全長8.6cm

　八郎潟では「ひやれ」と呼び、「重要魚種の1つにして湖中いたるところに生息し」、年間6万5千貫（約240トン）であった（秋水試，1916）。
　八郎湖では、ウグイの姿は調整池や承水路でたまに見える程度であり、馬場目川にある産卵場も非常に少ない。流入河川は礫の表面に泥が堆積し、本種が適した産卵場がなくなったことが大きな問題の1つだろう。

2013年5月12日　県南中河川　全長19.6cm

モツゴ　*Pseudorasbora parva*
コイ科

八郎湖（全域）純淡水魚
国内外来魚（原産：関東以西）
生態系被害防止外来種リスト・その他の総合対策外来種

2011年7月3日　大潟村　雄　全長6.5cm

　本種は在来魚ではなく、侵入年代は不明であるが国内外来魚で、少なくても1977には雄物川で確認されている（杉山，1985）。干拓後には養殖コイが盛んになり、これに混じった可能性が高いが、最近は調整池や承水路では普通に生息するようになった。

2011年5月14日　西部承水路　雌　全長7.7cm

　本種は在来魚で近縁のシナイモツゴとの間に容易に産卵し雑種ができ、繁殖に大きな影響を与える。このため、環境省では「東北地方のモツゴ」は「生態系被害防止外来種」の1つに入れた。周辺のいくつかのため池では現在もシナイモツゴが生息しており、モツゴを侵入させないようにしなくてはならない（参照P.65）。

シナイモツゴ　*Pseudorasbora pumila*
コイ科

八郎潟（淡水域浅所）・八郎湖（絶滅）純淡水魚
RL 環境省 2018 CR　RDB 秋田県 2016 CR

2006年5月7日　秋田市　雄　全長8.2cm

　八郎潟では和名モロコ、地方名つらあらわず、やなぎぺと呼び、淡水区域の浅所、稲田の排水などに生息していた（秋水試，1916）。また、シナイモツゴは八郎潟沿岸地域にいた（池田・井手，1937）。
　しかし本種は、干拓後はまったく確認されていない。現在は、近縁で外来魚であるモツゴが生息するようになった。シナイモツゴはモツゴが侵入し両種の雑種ができたり、オオクチバスが侵入したりして、完全に絶滅したのである（参照P.65）。

2013年9月17日 能代市　雌　全長8.3cm

17

ビワヒガイ　*Sarcocheilichthys variegatus microoculus*
コイ科

八郎潟（全域）・八郎湖（全域）　純淡水魚
国内外来魚（原産：琵琶湖水系）

　八郎潟における1916年の調査では本種のことは認められていない（秋水試,1916）が、昭和11（1936）年12月に霞ヶ浦産ヒガイ稚魚を購入し、八郎潟一日市に53,483尾を放流している（秋水試,1938）。同様に昭和13（1938）年12月にも11,637尾を八郎潟へ放流（秋水試,1940）など、継続して大量に放流していた。
　これは、明治天皇が琵琶湖産のヒガイを好んで食べたという話があること（田中,1934）から、茨城県霞ヶ浦のほか秋田県でも積極的に放流していたもので、それが現在も生き残っていると推察される。

2011年5月14日　南の池　雄　全長8.3cm

2011年7月21日　東部承水路　雌　全長10.3cm

タモロコ　*Gnathopogon elongatus elongates*
コイ科

八郎湖（全域）　純淡水魚
国内外来魚（原産：関東以西）

　本種が秋田県にいつ入ったのかは不明であるが、1985年には既に、雄物川水系や米代川水系で確認されていた（杉山,1985）。その頃に八郎湖にも侵入していたと推察されるが、詳細は不明である。現在は豊川、馬踏川などの流入河川などでは比較的多く認められている。
　全長10cm程度の小型で地味な魚であることから、侵入時期や経路などは不詳のままであるが、「いつの間にかいる」という例である。

2016年11月23日　雄物川全長6.4cm

2008年6月2日　秋田市

ニゴイ　*Hemibarbus barbus*
コイ科

八郎潟（淡水域）・八郎湖（全域）　純淡水魚

　八郎潟では「潟の北西部の淡水域砂礫底や岩礁部に多く」としている（片岡,1965）。
　八郎湖の漁業者の話では「調整池では余り多くはなかったが、徐々に増えているようだ」という。中央幹線排水路や東部承水路奥部では、全長40〜50cmのものが数百kg程度漁獲されている。馬場目川では、6月に頭部に雄の追い星（産卵期に出る白色のコブ状の突起物）を出した成熟個体が認められるなど個体数が増加している。

2011年12月3日　中央幹線排水路　全長39.4cm

2018年6月24日　馬場目川　全長50cm

ドジョウ　*Misgurnus anguillicaudatus*
ドジョウ科

八郎潟（沿岸淡水域）・八郎湖（沿岸淡水域）
純淡水魚
RL 環境省 2018 NT　RDB 秋田県 2016 DD

2011年7月3日　大潟村水路　全長2.1cm

2013年5月26日　雌個体　八郎湖東部小水路

　八郎潟では「沿岸の水田溝渠等に多産」するが、「漁獲統計を欠き」という状況であった（秋水試，1916）。
　干拓後も、本種は一般漁業者が漁獲するのではなく、ドジョウ専門者が5〜7月を主体にドウにより漁獲している。生息場所は大潟村や湖内では非常に少なく、多いのはその周辺の水田や水路で、年間数トンは漁獲されている。
　最近、北海道から本州東部に分布する新種のキタドジョウが認められ（中島，2017）、秋田県内でも確認された（杉山，未発表）。しかし、八郎潟・八郎湖に関しては不明である。また、国外外来魚のカラドジョウが米代川水系等で確認されているが（杉山，2013）、八郎湖での実態は不明である。

ヒガシシマドジョウ　*Cobitis* sp. BIWAE type C
ドジョウ科

八郎潟（沿岸）・八郎湖（流入河川）

2010年　秋田県南部ため池　全長2.1cm

2014年7月20日　米代川水系　全長7.1cm

　八郎潟では、本種が生息するのは非常に狭い範囲で「河口付近の水流強き所に多し。5〜6月頃川にのぼりて産卵す」としている（秋水試，1916）。
　干拓後の現在は、馬場目川、三種川などのほか鹿渡川、鯉川など流入河川の砂礫底でのみ認められている。地元ではカワドジョウと呼んでいる。
　本種はこれまでシマドジョウとされていたが、最近になって遺伝的、形態的に複数種であることが明らかになった（中島、2017）。秋田県に分布するのは本種である。

ナマズ目

ギバチ *Tachysurus tokiensis*
ギギ科

八郎潟（淡水域）・八郎湖（流入河川）　純淡水魚
RL 環境省 2018 VU　RDB 秋田県 2016 VU

2013年6月4日　雄物川水系　全長16.8cm

　八郎潟では、秋水試（1916）はギギについて「まれにこれを見るのみ」とした。その後、秋水試（1936）や三浦他（1953）も同様にギギを認めた。一方、片岡（1965）はギギとギバチの両種を認めていた。このように両種に関しては分類的に混乱していた（田中,1936）が、その後整理され（岡田・中村,1948）、八郎潟に生息していたのは、残っている標本から明らかなとおりギギではなくギバチである（参照P.94）。

参考　ギギ：2013年5月18日　雄物川（国内外来魚）

　現在ギバチは、馬場目川、三種川、糸流川などの流入河川だけに生息している。
　なお、現在、雄物川ではギギが異常繁殖しており、生態系に大きな影響を及ぼすことから、各河川においても留意する必要がある。

ナマズ *Silurus asotus*
ナマズ科

八郎潟（水道を除く全域）・八郎湖（全域）
純淡水魚
RDB 秋田県 2016 DD

2007年3月24日　全長33.2cm

　「潟の水道をのぞく全水域に生息し泥底の淡水域や注入河川の河口沿岸帯に多い」とし「延縄を主として年の産額約3500貫（約130トン）」としている（秋水試,1916）。当時、ナマズが多く生息していたこと、しかも、それを大量に漁獲し食用にしていたことに驚く。

黄化個体2008年5月4日八郎湖　全長63.1cm
なお、湖内ではナマズの黄化個体が新聞の紙上に出ることがあるが、その個体を飼育していると徐々に黒色の割合が増加することが多い。

　八郎湖では、現在、ナマズは普通には流通せず、漁業者は定置網や刺し網に入ってもそのまま再放流することが多く、漁獲量としては皆無である。一方、ナマズの産卵場所は激減しており、小型個体を認められることは少ない。

サケ目

ワカサギ　*Hypomesus nipponensis*
キュウリウオ科

八郎潟（全域）・八郎湖（全域）両側回遊魚

2007年4月25日　船越水道、雄　全長8.0cm

八郎潟におけるワカサギ漁獲量、漁獲金額ともにもっとも多く、「最も重要の魚族なり」（秋水試, 1916）であった。干拓前は、ワカサギ漁獲量は3千トン前後/年、全体に占める割合は30％前後であった（1955～1960年）。

2009年3月29日　馬場目川河口　雌　全長10.4cm

干拓後、最近のワカサギ漁獲量は250トン前後、漁獲割合（2013～2017年）は90％程度となっている。これは、八郎湖に生息するのがワカサギだけになったのではなく、漁業者が漁獲するのはワカサギとシラウオだけになったことであるが、その背景には、消費者が購入するのはこの両種だけになったためだ。

なお、漁業者はワカサギのことをチカ（ツカ）と呼ぶことが少なくないが、八郎潟・八郎湖に生息するのはワカサギだけである（参照P.75）。

アユ　*Plecoglossus altivelis altivelis*
アユ科

八郎潟（船越水道・流入河川）・八郎湖（船越水道・流入河川）両側回遊魚

2008年4月8日　船越水道　全長5.4cm

干拓前では、3～4月に海から三種川、馬場目川、馬踏川などの上流に遡上し、秋季に砂礫に産卵していた（秋水試, 1916）。潟に遡上する稚アユは数十万尾であることから、1955～1956年には河川放流用種苗として捕獲、畜養、移送試験を行ったこともある（片岡, 1965）。

2011年8月20日　米代川水系

干拓後の現在においても基本的には同様で、水温13℃前後になると船越水道に入り、三種川、馬場目川、馬踏川、豊川ではこれら河川に遡上が認められている（秋田県, 1991）。しかし現在、アユの産卵場が一定程度の大きさで認められているのは、わずかに馬場目川だけである。遡上尾数は年により大きく変動し、干拓後の1978年は畜養試験を行い82万尾が採捕されたこともあったが、その後は減少にともない中止した。現在の八郎湖においても環境条件が回復すれば、遡上尾数はそれだけの収容能力があるのだ。

21

シラウオ　*Salangichthys microdon*
シラウオ科

八郎潟（全域）・八郎湖（全域）汽水魚
RDB 秋田県 2016 NT

2015年5月26日　中央幹線排水路　雌

2018年5月3日　船越水道　全長7.9cm　雄
最下段：しり鰭基部の鱗（染色）
（雄はしり鰭の基部に鱗が並ぶが、雌は鱗がない。）

　干拓前の年間漁獲量は150トン程度で、つくだ煮や煮干しなどの増加傾向があり、海外向け水煮缶の輸出も増えていた（秋水試，1916）。1945（昭和20）年代の漁獲量は200トン前後であったが、その後急増し、干拓直前の1956（昭和31）年はピークの704トンであった。
　ここ20年間では2008年の27トンが最高で、最低が2013年の1.7トン、直近の2017年は17.9トンと変動がきわめて大きい。
　シラウオは船越水道から水門を通過して湖内に遡上し産卵するものと、周年を湖内にいてそこで産卵するとの2集団があると推察されているが、その割合や産卵場所、時期など不明なことが多く、資源管理を行う上で大きな問題となっている。

アメマス　*Salvelinus leucomaenis leucomaenis*
サケ科

八郎湖（船越水道・流入河川）両側回遊魚

アメマス 2015年11月19日　八郎潟調整池定置網
全長28.6cm（この個体は胃内容からワカサギ5尾が認められた。）

エゾイワナ 2018年4月29日　馬場目川上流
全長22.4cm

　八郎潟に関する文献では本種は認められていない。しかし、通し回遊魚であることから、八郎潟においても出現していたと推察される。
　八郎湖では、八郎潟調整池内の定置網で年に数尾は漁獲されているが、詳細は不明である。
　本種の体色は銀色であるとともに斑紋は不明瞭で、背鰭端末が黒色になっていることから、海と内側の淡水域を自由に移動しているスモルト（ギンケ）個体と推察される。
　なお、アメマスが河川に残留するもの（陸封型を含む）をエゾイワナと呼び、斑紋は白色の大型で有色斑を持たない。馬場目川上流ではエゾイワナが認められこともあるが、近年は人工種苗放流が行われており、由来が不明なものも少なくない。

ニッコウイワナ　*Salvelinus leucomaenis pluvius*
サケ科

八郎湖（流入河川）両側回遊魚
RL 環境省 2017 DD　RDB 秋田県 2016 DD

2018年4月29日　馬場目川
全長23.5cm　体長20.2cm

　八郎潟に関する文献ではイワナ類は認められていないが、出現状況からは馬場目川上流には普通に生息していたと考えられる。
　八郎湖では、流入河川の馬場目川上流には本種の産卵や稚魚が認められている。
　本種は小型の斑紋が散在し、薄いクリーム色からやや強い桃色までさまざまな色彩の有色斑を持っている。ただし近年は人工種苗放流が行われており、色彩の変化や由来など不明なものも少なくない。

2018年4月29日　馬場目川
全長28.5cm　体長24.7cm

ニジマス　*Oncorhynchus mykiss*
サケ科

八郎湖（流入河川）両側回遊魚
国外外来魚（アメリカ産）
生態系被害防止外来種リスト・産業管理外来種

2002年12月8日　男鹿半島小水路　全長16.1cm

　北米原産の外来種で、国内には1877（明治10）年以降輸入され、主として養殖や放流に利用されてきた。
　馬場目川漁協組合員からの聞き取りによれば、1980年代に釣り用に放流を行っていたが、その後中止した。しかし、上流の1支流では2010年頃までは繁殖が認められていたというが、周辺にはヒルが異常繁殖しており誰も寄りつかず、現在も定着しているか否かは不明という。

2003年4月14日　男鹿市北浦定置　全長46.7cm

　なお男鹿半島の湧水池では、本種が春季に産卵し自然繁殖しており（杉山，1985）、男鹿半島沿岸の定置網では混獲されることがある。

サケ　*Oncorhynchus keta*
サケ科

八郎潟・八郎湖（船越水道・流入河川）
遡河回遊魚

2008年4月8日　船越水道　全長4.9cm（水温12.5℃）

2008年5月10日　八郎潟調整池　全長11.1cm 体重8.8g

2006年9月27日　潟上市海面　全長78cm雄　体重4.0kg

　八郎潟では、大正時代の頃は海から入湖した親魚が馬場目川、三種川など河川の河口周辺に定置網を設置していた。しかし、その前に船越水道で定置網を設置したため、入湖後の漁獲量はきわめて減少し、約1500貫/年（平均重量を4kgとすると1400尾程度）であった（秋水試，1916）。
　八郎湖の現在でも、親魚は11月頃に馬場目川に遡上しているが年に数10尾程度と推察される。親魚は普通、11月に河川の礫で産卵し、2月にふ化し浮上した稚魚は水生昆虫などを摂餌しながら、水温が上昇する3月頃から徐々に降海する。しかし、たまに5月頃まで湖内に残る大型個体が認められる。潟時代においても、この残した大型稚魚を「鱒の子」と称していた（秋水試，1916）。
　秋季に海から馬場目川に遡上する親魚も、また春季に海へ降下する稚魚も、いずれも船越水道を利用して移動しており、これを確保することが必須である。

サクラマス(ヤマメ)　*Oncorhynchus masou masou*
サケ科

八郎潟（船越水道・流入河川）・八郎湖（船越水道・流入河川）遡河回遊魚
RL 環境省 2017 NT　RDB 秋田県 2016 NT

ヤマメ　2018年4月29日　馬場目川　全長19.9cm

スモルト　2008年5月10日　八郎潟調整池　全長22.9cm 体重115.3g

スモルト　2011年6月14日　東部承水路　全長31.0cm
（馬場目川から承水路に降下し、そこで成長した個体と推察される）

　八郎潟に関する文献ではサクラマスは認められていないが、出現状況からは流入河川に普通に生息していたと考えられる。
　八郎湖では、ヤマメは馬場目川の戸村頭首工から上流に認められており、さらに上流では遊漁者に多く釣られている。また、馬場目川漁協による人工種苗放流が行われている。
　河川にいるものはヤマメと呼ばれ、体側に大型の楕円斑があり、一生を河川で生息し繁殖する。しかし一部の個体は、春季になるとスモルト、ギンケなどと呼ばれ、楕円斑は見えなくなり銀色が強くなるとともに、背鰭や尾鰭の末端が黒色になる。これらは最終的には馬場目川から八郎潟調整池に入り、降海すると推察される。
　普通、河川にいるヤマメは春季に降海し、約1年後には再び春季にサクラマスと呼び、体重1～3kg程度になって河川に遡上する。河川内では淵などに生息しながら10月に礫で産卵する。

アンコウ目

ハナオコゼ　*Histrio histrio*
カエルアンコウ科

八郎潟（船越水道）偶発性魚

ハナオコゼ　2007年9月3日　潟上市

　八郎潟の魚類について調査した片岡（1965）は、「現在まで混漁されているものは、ニシン、イザリウオ、コバンザメ、ウマヅラハギ、トビウオなど、すべて海水侵入とともに入湖している」としている。
　しかし、片岡（1965）が認められたイザリウオ（和名はカエルアンコウに変更）は、日本海側での分布は山形県以南で、秋田県から確認されたことがない（河野ほか，2014）。一方、カエルアンコウ科のハナオコゼは各道県ともに秋田県沿岸でも、流れ藻にのって比較的多く認められている。このことから、カエルアンコウはハナオコゼの誤同定と思われる。

タウナギ目

タウナギ　*Monopterus albus*
タウナギ科

八郎湖（流入河川・水路）
国外外来魚（原産：中国、東南アジア）

2004年4月12日，横手市大雄の沼

2016年8月16日　全長30-40mm

　本種は1900年頃に朝鮮半島から国内に侵入し定着した外来魚で、県内では1990年代から数回の中・大型個体の確認報告はあったが、県内では繁殖しないと思われていた（杉山，2012., 2013.）。しかし、2016年8月に八郎湖に流入する河川の灌漑用水路で再生産が確認され、その後も継続して繁殖していると思われる。
　食性は魚類や昆虫類など多岐にわたることから、在来魚に対する大きな影響が懸念される（参照P.73）。

トゲウオ目

ニホンイトヨ　*Gasterosteus nipponicus*
トゲウオ科

八郎潟（全域）・八郎湖（船越水道・調整池）
遡河回遊魚
RL 環境省 2018 LP　RDB 秋田県 2016 CR

1991年5月　船越水道

　八郎潟ではトゲウオ、方言「イデヨ」と呼び、「3、4月産卵のため厚群をなして海より遡上し」、「近年はやや減少の傾向あり」で、大正4（1915）年の漁獲量は約50トンであった（秋水試，1916）。
　干拓後の漁獲量は、1980年代は漁獲されていたが、以降激減し1991年498kg、以下順に39kg、21kg、35kg、3kgとなり2003年以降は全く認められていない（八郎湖増殖漁協実績報告）。最近では、漁業者の定置網に入ることはほとんどない。現状ではほぼ絶滅状態であり、動向について今後とも注意する必要がある。

トミヨ属淡水型　*Pungitius sinensis*
トゲウオ科

八郎潟（全域）・八郎湖（全域）純淡水魚
RL 環境省 2018 LP　RDB 秋田県 2016 VU

2011年7月21日　大潟村湧水　全長4.3cm

　八郎潟ではカワサバ、方言「カナギ、ガンガリ」と呼び「周年湖に生息し、4、5月頃、厚群をなして、略、精巧なる円き魚巣をつく」っていた。また興味深いことに、「湖民はこれをすし漬けとなし珍味」としていた（秋水試，1916）。
　干拓後は、調整池のワカサギ建網でまれに混獲される程度である。大潟村内の水路にはきわめて狭い範囲で認められるが、個体数は少ない。

ヨウジウオ　*Syngnathus schlegeli*
ヨウジウオ科

八郎潟（船越水道）・八郎湖（船越水道）
偶発性魚

2008年9月17日　船越水道　全長18.3cm

　八郎潟では、「船越水道の1mほどの水藻の中に生息して」いた（片岡，1965）。
　干拓後も、船越水道で流れ藻やゴミに混じり各サイズのものが認められることがあり、今後とも偶発的に出現する可能性がある。

ボラ目

ボラ　*Mugil cephalus cephalus*
ボラ科

八郎潟（全域）・八郎湖（全域）偶発性魚

　八郎潟では、本種は「4、5月頃海より入湖し…10月以降…再び海に下降」していた（秋水試，1916）。また、「物音に恐れやすく障害物があれば4～6m跳躍…この性質から…空中の仕掛けた網に入り込むような漁法が発達した」（片岡，1965）（参照P.75）。
　八郎湖では、春期から夏期にかけて稚魚が水門直下に群泳しているのを見ることができる。大型個体は冬季になり降温すると降海する。

2009年7月4日　船越水道、全長4.3cm

2011年12月3日　八郎潟調整池　全長19.6cm

セスジボラ　*Chelon affinis*
ボラ科

八郎潟（全域）・八郎湖（船越水道）偶発性魚

　八郎潟では、本種は「ボラの1～2年魚とともに漁獲されるが量は少な」かった（片岡，1965）。小型で、「すくち」と呼んでいた。
　八郎湖では、本種は夏期から秋季に小型のものが偶発的に八郎湖船越水道に出現する程度で、個体数も非常に少ない。

2005年10月21日　男鹿半島小河川河口　体長5.9cm
（ボラやメナダに似るが、背中から頭部にかけて中央に1本の隆起がある。）

メナダ　*Chelon haematocheilus*
ボラ科

八郎潟（全域）・八郎湖（全域）偶発性魚

　八郎潟では大型個体は「春季4月中旬より6月上旬にわたり大群をなして海に降りる。卵巣膨大し…カラスミに製造せらる」（秋水試，1916）であった。ボラと異なり本種は「冬季は群集して深部の泥土中に越冬し」ていた（片岡，1965）。
　八郎湖では、船越水道でのボラ科稚魚は水門直下に蝟集するが、早期はメナダよりボラの方が多い。しかし、湖内や馬場目川など淡水に生息する大型個体は、ボラよりメナダ方が多い。

2009年3月29日　八郎湖内　全長9.1cm

2007年12月7日　八郎湖内　全長44.3cm

ダツ目

キタノメダカ　*Oryzias sakaizumii*
メダカ科

八郎潟（全域）・八郎湖（全域）純淡水魚
RL 環境省 2018 VU　RDB 秋田県 2016 VU

2008年8月6日　大潟村南の池　雌　全長3.7cm

　八郎潟では、本種は「ゴリ筒に混漁し食用とはしない」としている（片岡，1965）。
　干拓後は「塩分に対する抵抗力が強く、八郎湖と海をつなぐ船越水道にも出現する」（杉山，1985）ほか、中央幹線排水路や大潟村の水路などでも認められている。しかし生息場所は限定し、個体数は少ない。
　なお、メダカは1種と考えられていたが、2011年に2種に分類された（Asai et

20011年5月14日　大潟村南の池　雄　全長3.2cm
（キタノメダカは、鱗は黒色の網目模様が明瞭である）

al., 2011）。その後、これまで本州日本海北部と北陸に分布する「メダカ北日本集団」に瀬能（2013）はキタノメダカと呼んだ。「メダカ南日本集団」の和名はミナミメダカである。

クルメサヨリ　*Hyporhamphus intermedius*
サヨリ科

八郎潟（全域）・八郎湖（船越水道・調整池・東部承水路）両側回遊魚
RL 環境省 2018 NT　RDB 秋田県 2016 DD

2011年7月9日　東部承水路　全長17.1cm
（下顎先端は黒色で、長く突き出る）

　干拓前は、本種はモサヨリの名称で、年間1万貫（約38トン）が漁獲量していた（秋水試，1916）。産卵は4〜5月で、産卵場はリュウノヒゲモがある沖合いの藻場である（秋水試，1916）。

2011年7月9日　東部承水路　全長3.7cm

　八郎湖では、5月に東部承水路の藻場で本種の付着卵やふ化直後の仔魚が認められることがある。一方、成魚が5月に水門直下（汽水域）の魚道で確認されることもある。しかし近年は、本種が大きく減少している（参照P.56）。

サヨリ　*Hemiramphus sajor*
サヨリ科

八郎潟（船越水道）・八郎湖（船越水道）
偶発性魚

2008年10月15日　船越水道　全長19.2cm
（下顎先端は赤色で長く突き出る）

　八郎潟では、方言ではショブと呼ばれ、「潟には3〜5月に成熟した成魚が海から遡上する。水藻帯に5〜6月に産卵」していた（片岡，1965）。
　現在、八郎潟、調整池で見ることはなく、船越水道でもほとんど認められない。しかし沿岸では、春季から夏期に表層を群れている姿を見ることができる。

トビウオ類　*Cypselurus* spp.
トビウオ科

八郎潟（船越水道）偶発性魚

　干拓前においては、トビウオは「海水浸入とともに入湖している」と報告している（片岡，1965）。しかし、これ以外の出現状況等ついては不明である。
　秋田県沿岸で漁獲されるトビウオの仲間は、夏期に定置網でツクシトビウオやホソトビウオが多い。このことから、写真は秋田県沿岸に普通に認められているツクシトビウオについて示す。

ツクシトビウオ　男鹿市　2017年7月17日

　なお、秋田県沿岸では流れ藻に付着した卵や稚魚が認められている。今後、八郎湖の船越水道においてもトビウオ類が確認される可能性がある。

ダツ　*Strongylura anastomella*
ダツ科

八郎潟（船越水道）・八郎湖（船越水道）
偶発性魚

　「潟には4〜5月、体長800〜1000mmの成熟した成魚が群集して遡上」し、「成魚はサヨリ、クルメサヨリを特に捕食し」ていた（片岡，1965）。
　八郎湖では、船越水道周辺で、ごく岸よりの表面で活発に游泳している稚魚を見る

2008年8月1日　船越水道　全長7.4cm
（上顎と下顎は共に先端まで長く突き出るが、写真個体は上顎の一部が破損している）

2017年8月6日　雄物川河口　全長15.7cm頭部

ことがある。また、米代川、雄物川の河口や船越水道周辺では、成魚が群泳しているのを認められることはあるが、船越水道から八郎潟調整池に入ることはない。

スズキ目

クロソイ　*Sebastes schlegelii*
メバル科

八郎湖（船越水道）偶発性魚

　八郎潟では、本種の報告は認められていない。しかし、本種の稚魚は秋田県の各河川の河口や干拓後の船越水道で認められることから、干拓前においても生息していた可能性が大きい。
　八郎湖では、船越水道の河口周辺で20cm程度以下の小型魚は周年認められることが出来る（杉山，1985）。しかし、本種は成長に従い深い場所へと移動し、船越水道では大型個体の姿は見えなくなる。

2009年4月14日　男鹿半島　全長17.2cm

眼の下に鋭い棘がある

メバル類は種類数が多いことから分かりづらいが、本種には眼の下に大きな3本の鋭い棘があるのが特徴である。

29

オニオコゼ　*Inimicus japonicus*
オニオコゼ科

八郎潟（船越水道）偶発性魚

2013年7月14日　米代川河口　全長21.0cm
背びれの棘はきわめて鋭く、刺されると強い毒があるので注意が必要である

　秋田県水産試験場では1953年に「八郎潟調査研究資料　第1号」を報告している（秋水試，1953）。その中で、「1950年以来現今までに採集された八郎潟の魚種について取りまとめ」ており、その中で本種を報告している（三浦ほか，1953）。当時の水産研究者が八郎潟に対する意欲を感じさせる報告である。
　八郎湖では、これまで本種の報告は認められていないが、男鹿半島沿岸では広く生息していることから、船越水道でも出現する可能性がある。

マゴチ　*Platycephalus* sp.2
コチ科

八郎潟（船越水道）・八郎湖（船越水道）偶発性魚

2018年5月9日　潟上市沿岸
全長28.2cm　体長24.3cm
上段：側面、下段：平面

　干拓前には、「7～8月海からそ河してきて水道付近の砂底に生息する。体長は100～250mmまれに450mm程度のものもいる」（片岡，1965）。
　干拓後においても、船越水道から水門直下までに認められることが少なくない。しかし、サイズは全長30cm程度までで、それ以上大型のものを認められることはない。

スズキ　*Lateolabrax japonicas*
スズキ科

八郎潟（全域）・八郎湖（全域）偶発性魚

2008年5月10日　八郎潟調整池定置網　全長3.3cm

2011年7月21日　東部承水路　全長12.3cm

　八郎潟では、スズキ稚魚は「早春海より遡上し、湖中において成育し、秋季再び海に降りる」（秋水試，1916）であった。片岡（1973）は「1匹のせいご（スズキ未成魚の呼び名）は1升のワカサギを食う」という漁業者の話を述べている。
　八郎湖においてもほぼ同様で、厳冬期に沿岸で産卵した稚魚は4月頃には船越水道の水門周辺に蝟集し、湖内に入る。成長は非常に速く、秋季には全長25cm程度の当歳魚が定置網で500kg/年前後が漁獲されている。

オオクチバス　*Micropterus salmoides*
サンフィッシュ科

八郎湖（全域）純淡水
国外外来魚（アメリカ、カナダ原産）
生態系被害防止外来種リスト・緊急対策外来種

　オオクチバスはミシシッピ河をはじめ北米大陸の中部以南が原産地で、八郎湖で初めて確認されたのは1983（昭和58）年のことである（杉山，2005）。漁獲量は1990（平成2）年460kgであったが、その後激増し、1995（平成7）年には22.4トンと最高を記録した。最近は1トン以下までに激減したが、漁業被害や生態系に及ぼす影響はそのままである（参照P.69）。

2007年12月12日　中央幹線排水路　全長48.3cm　体重1.9kg

コバンザメ類　*Echeneis* ssp.
コバンザメ科

八郎潟（船越水道）偶発性魚

　八郎潟ではコバンザメが「海水浸入とともに入湖」したことがある（片岡，1965）。
　八郎湖では現れたことはない。コバンザメ類は、秋田県沿岸では夏期から秋季に大型のバショウカジキの腹側に吸い付きることがある。秋田県沿岸で認められているのはクロコバンとヒシコバンの2種である。この写真はヒシコバンザメを示す。

ヒシコバン　2006年9月13日　男鹿半島沿岸
全長11.3cm

ブリ　*Seriola quinqueradiata*
アジ科

八郎潟（船越水道）・八郎湖（船越水道）
偶発性魚

　八郎潟では、「いなだ」は「ブリの稚魚にして5、6月、入湖するものあれどもほとんど稀なり」（秋水試，1916）であった。流れ藻に乗って入った可能性もあるが、詳細は不明である。
　八郎湖では船越水道での定置網調査で確認されたことはあった（秋田県，2011）が、以降は認められていない。今後とも、状況により出現する可能性はあるが、個体数は少ないと思われる。

2008年8月22日　男鹿半島　定置網
全長20.5cm
秋田県ではブリのことを大きさの順に、わかし、いなだ、あお、ぶりの名前で呼び、漁獲量も多い。

マアジ　*Trachurus japonicas*
アジ科

八郎湖（船越水道）周縁性魚

　八郎潟では、本種の報告は認められていない。
　夏期には船越水道周辺の地びき網で、小型・中型個体が多く漁獲される。八郎湖の

2008年8月4日　男鹿半島釣り　17.3cm

船越水道内でも定置網調査で確認されたこがある（秋田県，2011）。今後とも、状況により出現する可能性はあると思われるが、船越水道の水門までである。

ヒイラギ　*Nuchequula nuchalis*
ヒイラギ科

八郎湖（船越水道・調整池）偶発性魚

　八郎潟では本種の報告は認められていない。しかし、本種の出現状況から推測すると、干拓前においても偶発的に出現していたと推察される。
　八郎湖では、湖内での定置網調査で秋季に全長30mm前後のものが多く確認されたことがある（杉山，1980）。その後も本種

2009年7月3日　船越水道　全長7.7cm

の確認があることから、今後も出現する可能性があると思われる。

コショウダイ　*Plectorhinchus cinctus*
イサキ科

八郎潟（船越水道）偶発性魚

　八郎潟には「7～8月頃から1年魚が遡河してくる」（片岡，1965）。
　干拓後は、本種は認められていない。船越水道周辺沿岸域の定置網では、秋季に本種によく似た同じイサキ科のヒゲソリダイが「かやかり」と呼ばれ、比較的多く出現する。

1970年10月3日
湖心部
（潟上市標本）

ヒゲソリダイ
（参考）
2007年9月9日　潟上市定置網　全長17.8cm

クロダイ　*Acanthopagrus schlegelii*
タイ科

八郎潟（汽水域）・八郎湖（船越水道）
偶発性魚

　八郎潟では本種を「かわたい」と称し、主として船越水道および潟の西側沖合いの比較的海水の高い場所に群泳していた（秋水試，1916）。年産20トンであった（片岡，1965）。

2008年8月29日　船越水道　全長8.6cm

　八郎湖では、主として小型のものが船越水道に生息しており、夏期から秋季には全長30cmを越えるものが釣れている。

シログチ　*Pennahia argentata*
ニベ科

八郎湖（船越水道）偶発性魚

　八郎潟では、本種についての報告はない。
　八郎湖では、船越水道において魚類調査を実施した際に何回か本種稚魚が確認されている（秋田県，2011）。しかし、個体数は少なく、詳細は不明である。

2008年8月29日　船越水道　全長3.7cm

シロギス　*Sillago japonica*
キス科

八郎潟（船越水道）偶発性魚

　八郎潟では「7、8月、当湖に入ることあれども、極めて少なし」（秋水試，1916）であった。

2017年8月6日　雄物川河口周辺　全長11.0cm

　八郎湖では、調査により小型魚が確認されたことがある。雄物川や米代川の河口でも本種の小型個体が認められている。本種小型個体は船越水道周辺の砂浜では比較的多く漁獲されており、今後とも船越水道では出現する可能性がある。

シマイサキ　*Rhynchopelates oxyrhynchus*
シマイサキ科

八郎潟（船越水道）・八郎湖（船越水道）偶発性魚

　八郎潟では「9、10月頃入湖船越水道における定置漁具に混漁せらることあれども少なし」（秋水試，1916）であった。片岡（1965）は「7〜8月体長10mm程のの稚魚が群集して遡上し」と述べている。

2008年9月29日　船越水道　全長3.4cm

　八郎湖においては、秋季に船越水道の浅い所で真っ黒な稚魚を認めることがあるが、湖内に入ることは無く、個体数も非常に少ない。また、秋田県沿岸においても大型個体が確認されたことはなく、本種は対馬暖流により北上していると推察される。

イシダイ　*Oplegnathus fasciatus*
イシダイ科

八郎潟（船越水道）・八郎湖（船越水道）偶発性魚

　八郎潟では、本種は「7〜8月頃、海水浸入とともに、流水藻（流れ藻）などについて入湖し」、「9〜10月体長60〜85mmに成長して」海に降りる（片岡，1965）。
　八郎湖では、船越水道において魚類調査を実施した際に本種稚魚を確認したことがある（秋田県，2011）。稚魚の来遊量は年により大きく変動するようである。また、沿岸の岩礁域では全長30cmを超える成魚を見ることはあるが、個体数は少ない。

2006年8月18日　全長8.7cm

33

メジナ　*Girella punctate*
メジナ科

八郎湖（船越水道）偶発性魚

2004年8月　秋田県南部小河川河口

　八郎潟では、本種についての報告はない。
　八郎湖では、船越水道において魚類調査を実施した際に何回か本種稚魚が確認されている（秋田県，2011）。秋田県内の河口では本種の稚魚を認めることが少なくないが、成長するに従い沿岸の岩礁域へと移動し、船越水道周辺では出現しなくなる。

ホッケ　*Pleurogrammus azonus*
アイナメ科

八郎湖（船越水道）偶発性魚

2007年5月16日　男鹿半島定置網　全長32.9cm

　八郎潟では、本種の報告は認められていない。
　干拓後、船越水道で調査中に採捕された記録がある。船越水道では、水門が完全に閉鎖され海水が遡上すると、それに併せて沿岸に生息する魚類が認められる場合が少なくない。春季に本種は秋田県沿岸を大きく移動することから、その過程で船越水道に侵入したと考えられる。本種については、今後とも春季に採捕される可能性がある。

クジメ　*Hexagrammos agrammus*
アイナメ科

八郎湖（船越水道）偶発性魚

2009年9月12日　男鹿半島小河川の河口
全長14.7cm

　八郎潟では、本種の報告は認められていない。
　干拓後、本種は船越水道で採捕されたことがある。本種は小河川から大河川の河口付近で認められることがあり、特に藻場周辺には、各サイズのものが出現する。本種については、今後とも普通に採捕される可能性がある。

カマキリ　*Cottus kazika*
カジカ科

八郎湖（船越水道・調整池・流入河川）
降海回遊魚
RL 環境省 2017 VU　RDB 秋田県 2016 EN

2002年5月3日　馬場目川

2013年5月30日
雄物川河口
全長2.9cm

カジカの仲間で、頭が大きく、3本の黒色のバンドが明瞭である。

　八郎潟では本種の報告は認められていない（秋水試, 1916．片岡, 1965）。しかし1970年に馬場目川河口で本種稚魚が確認されている（参照P.95）。
　八郎湖では、全長3cm程度の稚魚が5月頃に海から船越水道に入り、水門を通り馬場目川で翌年25cm位まで成長する。その後秋晩になると調整池に入り、冬には海へと降り産卵する。12月に降海する成魚が、八郎潟調整池の定置網に入ることもあるが、最近は少ない。男鹿半島沿岸やにかほ市沿岸では、本種が12月のハタハタ漁業に混獲されたことがある。

カジカ　*Cottus pollux*
カジカ科

八郎潟（淡水域）・八郎湖（流入河川）
純淡水魚
RL 環境省 2017 NT　RDB 秋田県 2016 NT

2014年7月5日　雄物川水系
全長11.0cm　胸鰭13本

2013年8月22日
県南小河川
全長2.9cm

　八郎潟では、「淡水域の砂底、礫底に生息していた」（片岡, 1965）。
　干拓後は、流入河川である馬場目川の中流から上流まで広く生息するが、湖内自体ではまったく認められなくなった。これは、水質の悪化や底に泥が堆積したことなどによると推察される。本種は河川では産卵、摂餌、隠れ場所など一生を礫の下面のすき間で生息することから、土砂の流入には十二分に留意する必要がある。

カジカ中卵型　*Cottus sp.*
カジカ科

八郎湖（船越水道、流入河川）両側回遊魚
RL 環境省 2017 EN　RDB 秋田県 2016 EN

2013年6月9日　秋田県北部小河川
全長12.2cm　胸鰭15本

2005年3月31日
男鹿半島小河川
雌　体長7.8cm
雌の抱卵個体

　八郎潟では、生息状況から推測すると、干拓前も本種が生息していたと推察される。
　八郎湖船越水道では、個体数は少ないが春季に海から遡上してきた全長数cmの本種稚魚が認められていた。しかし本種については、産卵期や産卵場所など不明なことも少なくない。
　最近の調査では、馬場目川においてはカジカ小卵型が比較的多く認められることから、カジカ中卵型との競争による生息個体数の減少が懸念される。

35

カジカ小卵型　*Cottus reinii*
カジカ科

八郎湖（流入河川）両側回遊魚
国内外来魚（原産：太平洋側の河川）

2018年6月24日　馬場目川
全長8.7cm　胸鰭17本

　本種は最近になって太平洋側から日本海側に放流されたと推察される。このため八郎潟では、当時は生息していなかったと推察される。
　八郎湖では、直近の調査で本種が湖内に流入する馬場目川において比較的多く認められた。
　カジカ小卵型は両側回遊で、本来は本州の太平洋側の河川に生息していた。しかし本種の種苗生産の過程で北陸地方と東北地方の日本海側の河川に逸散し、近年では多

2018年6月24日　馬場目川
全長3.0cm　胸鰭17本

く認められている（後藤，2015）。このことから、今回馬場目川で確認されたカジカ小卵型は太平洋側からの移殖魚であり、国内外来種の位置づけであると推察される。

サラサカジカ　*Furcina ishikawae*
カジカ科

八郎潟（船越水道）偶発性魚

　「八郎潟の魚類」を整理した片岡（1965）は、本種について「海水の浸入によって入湖、水道付近で少量漁獲される程度」と述べているが、図版は示していない。
　サラサカジカ属は比較的よく似たキヌカジカとサラサカジカの２種が知られてお

2009年9月20日　男鹿半島
全長5.3cm

り、キヌカジカは男鹿半島の浅い砂礫に広く生息するが、サラサカジカは少ない。

クサウオ　*Liparis tanakae*
クサウオ科

八郎湖（船越水道）偶発性魚

　八郎潟に関する記録はないが、本種の生態から越水道周辺には生息していたと推測される。
　干拓後では、船越水道で調査中に採捕さ

2008年6月12日　県北部の沿岸　全長16.8cm

れた記録がある。本種は米代川など大河川周辺や男鹿半島沿岸に比較的多く漁獲されている。
　船越水道の底質は砂が主体であるが、河口近くは水深が深く泥も堆積されている場所があり、本種は砂泥底の比較的流れが緩い場所に生息すると推察される。

36

ギンポ　*Pholis nebulosa*
ニシキギンポ科

八郎潟（船越水道）・八郎湖（船越水道）
偶発性魚

2006年5月12日　男鹿半島　全長26.9cm

　八郎潟では、三浦ほか（1953）は「八郎潟の棲息魚種について」の中に本種を記載している。また片岡（1965）は「7〜8月頃、海水侵入にともない流れ藻などとともに入湖する。水道下流付近に生息」として述べている。
　八郎湖では、船越水道で調査によりギンポが確認されている。米代川河口や男鹿半島小河川の河口では、本種の稚魚や成魚が認められている。

タケギンポ　*Pholis crassispina*
ニシキギンポ科

八郎湖（船越水道）偶発性魚

2008年9月29日　船越水道　全長7.6cm

　本種は、八郎潟以前はギンポとして扱っていたもので、その後にギンポの2型として再同定された（Yatsu, 1978）。出現状況から推察すると、八郎潟では本種は生息していた可能性が大きいと思われる。
　八郎湖では、本種は船越水道で比較的普通に認められている。県内では本種は河川の河口周辺で認められることが少なくない。

ハタハタ　*Arctoscopus japonicus*
ハタハタ科

八郎潟（船越水道）・八郎湖（船越水道）
偶発性魚

男鹿半島沿岸で採捕されたハタハタ稚魚
全長4.2cm

　八郎潟では、「産卵期の親魚が11〜12月、海水侵入とともに入湖する。また海でふ化した稚魚が4〜5月海水侵入とともに群集して遡河する」（片岡，1965）。
　八郎湖では、2007年4月に船越水道でひき網調査により稚魚が入ったことはあったが稀である。
　ただし、ハタハタ稚魚は3〜4月に大河川河口周辺の水深10m以下の砂浜に大量に出現し、米代川河口では淡水域に認められたことがある（杉山，2013）。本種は汽水域にも普通に出現することから、船越水道では今後とも出現することがあると思われる。

ハタタテヌメリ　*Repomucenus valenciennei*
ネズッポ科

八郎湖（船越水道）偶発性魚

2008年5月30日　男鹿半島　全長11.3cm　雌個体

　八郎潟では、本種は認められていない。
　八郎湖では、船越水道で偶発的に認められたことはあるが、調整池内に入ったことはない。
　なお、秋田県沿岸砂浜域では本種のほかネズミゴチ、ヤリヌメリ、トビヌメリ、ホロヌメリなどのネズッポ科魚類が、水深が浅い場所まで認められており、今後とも同科魚類が出現する可能性があると思われる。

37

ミミズハゼ　*Luciogobius guttatus*
ハゼ科

八郎潟（船越水道）・八郎湖（船越水道）
両側回遊魚
RDB 秋田県 2016 NT

2011年4月24日　船越水道　全長6.8cm

　八郎潟では「潟の汽水域特に水道付近に生息」していた（片岡，1965）。
　八郎湖では、本種は船越水道の河口周辺より淡水が混じる上流側に出現し、礫を取り上げるとその下で認められることが多い（杉山，1985）。

ヒモハゼ　*Eutaeniichthys gilli*
ハゼ科

八郎湖（船越水道）　汽水魚
RL 環境省 2018 NT　RDB 秋田県 2016 NT

2008年7月9日　船越水道　全長4.3cm

　八郎潟では、本種の報告は認められていないが、生態から推察すると以前から生息していた可能性が大きいと思われる。
　八郎湖では、本種が確認されたのは船越水道の河口近くの限定した範囲であり、最近になってのことである。成熟した雌や数cmの稚魚も認められており、ここで繁殖していると思われる。生息に適した範囲は非常に狭く、個体数も少なく、留意する必要がある（参照P.55）。

シロウオ　*Leucopsarion petersii*
ハゼ科

八郎湖（船越水道）　遡河回遊魚
RL 環境省 2018 VU　RDB 秋田県 2016 VU

2007年4月11日　船越水道　全長4.7cm

　八郎潟では本種の報告はない。しかし、本種は米代川河口などでは4月上旬から5月中旬にかけて漁獲されており、八郎潟の出現状況から推測すると、干拓前においても出現していたと思われる。
　八郎湖では、本種は船越水道で4〜5月に認められているが、個体数の変動はかなり大きいようである。

マハゼ　*Acanthogobius flavimanus*
ハゼ科

八郎潟（全域）・八郎湖（全域）汽水魚

2009年7月4日　船越水道　全長6.0cm

　八郎潟では本種のことを方言で「ぐんず」と呼び、「半鹹水の静穏なる湾内の浅き所に棲息する魚類にして外洋に出ることなし」、「11月の海に下るの候なり。この期に至れば八竜橋付近の釣りを垂れ遊漁するもの多し」（秋水試，1916）としている。
　八郎湖では、秋季に本種の釣り人を見ることが少なくない。しかし、漁業者は本種を目的とした漁獲は行われていない。流入河川である馬場目川では、秋季には本種の全長15cm前後のものを見ることがある。

アシシロハゼ　*Acanthogobius lactipes*
ハゼ科

八郎潟（全域）・八郎湖（全域）汽水魚

　八郎潟では、本種は方言バフゴリと呼び「潟の全水域に生息するが淡水域に多い」（片岡，1965）という。
　八郎湖では、本種の稚魚から成魚までが、船越水道から調整池、承水路、流入河川などに広く生息している。

2009年7月4日　船越水道　全長8.1cm

アカオビシマハゼ　*Tridentiger trigonocephalus*
ハゼ科

八郎潟・八郎湖（船越水道）汽水魚

　本種はシマハゼとされていたが、シマフリシマハゼとともに別種に分離された（明仁・坂本，1989）。八郎潟の「シマハゼ」に関する報告はない。
　八郎湖については、男鹿市産の本種を「シマハゼ」として示している（杉山，1985）が、これはアカオビシマハゼに該当する。本種は船越水道では淡水域には出現せず、河口の汽水域にブロックの表面や間隙などで認めることがある。

2011年4月21日　船越水道　全長7.4cm

ヌマチチブ　*Tridentiger brevispinis*
ハゼ科

八郎潟（全域）・八郎湖（全域）両側回遊魚

　八郎潟ではチチブとして「太く、かつ頭部極めて大にして」、「つくだ煮原料として品質もっとも劣等なる」としている（秋水試，1916）。なお、チチブは1972年にヌマチチブとともに亜種とされており（katsuyama et al., 1972）、漁獲されていたものは主として本種である。
　八郎湖では、ヌマチチブは各サイズが周年漁獲され、個体数も多い。しかし、体色が黒色で比較的小型なので、見た目が悪くあまり利用されていない。

2011年5月14日　西部承水路 全長5.5cm　雌

チチブ　*Tridentiger obsucurus*
ハゼ科

八郎潟（船越水道）・八郎湖（船越水道）
両側回遊魚
RDB 秋田県 1216 DD

　秋田県では、チチブは主として海水が入る小河川の河口に認められており、ヌマチチブはその上流に生息している。八郎潟でチチブとして扱っていたものは、主として近縁のヌマチチブであったと推察される（ヌマチチブの項参照）。
　八郎湖では、チチブは船越水道河口のブロックの間隙でたまに見る程度で、個体数は非常に少ない。

2005年　男鹿半島小河川

シマヨシノボリ　*Rhinogobius nagoyae*
ハゼ科

八郎潟・八郎湖（船越水道・調整池・流入河川）両側回遊魚

2013年6月9日　秋田県北部小河川
全長6.9cm　雄

　八郎潟の報告書ではヨシノボリとしているが、その後、ヨシノボリ類は複数種であることがわかり、最近になって分類的に整理されつつある（鈴木ほか，2004）。
　八郎湖に生息するシマヨシノボリは、馬場目川で確認されており、船越水道から遡上したと考えられる。本種は流れの速い瀬の礫の下面に生息しており、八郎湖の調整池や承水路では認められない。

オオヨシノボリ　*Rhinogobius fluviatilis*
ハゼ科

八郎潟・八郎湖（船越水道・調整池・流入河川）両側回遊魚

2014年5月25日　雄物川水系　全長6.5cm　雌

　八郎潟の報告書ではヨシノボリ（片岡，1965）としているが、その後、いくつかの種に分けられることが明らかになった（鈴木ほか，2004）。このため、干拓前のオオヨシノボリの生息状況については不明である。
　八郎湖では、馬場目川の礫底で本種が確認されているが、個体数は少ない。

ゴクラクハゼ　*Rhinogobius similis*
ハゼ科

八郎潟　詳細は不明

2010年10月14日（写真は県外産）

　八郎潟について片岡（1965）は、本種は「潟の岸辺の浅瀬や注入河川の平瀬に底生生活をして」いたとしている。また、つくだ煮の材料であるとしている。また、池田・井手（1937）は「秋田県の淡水魚類」において本種を八郎潟産として報告した。
　しかし、本種は八郎湖を含め県内の諸調査では認められたことがない。このことから、八郎潟のゴクラクハゼはヨシノボリ類等他のハゼ科魚類と混同した可能性もあるが、ここでは八郎潟の魚類リストに入れた。

トウヨシノボリ　*Rhinogobius* sp. OR
ハゼ科

八郎潟（全域）・八郎湖（全域）両側回遊魚

2010年9月18日　調整池

　ヨシノボリ類の分類に関しては定説が無く混乱している。そのような中で、ヨシノボリ類の中で尾柄に橙色があるものをトウヨシノボリ（鈴木ほか，2004）とすると、八郎潟・八郎湖に生息するものは本種に該当する。本種は小型ではあるが八郎潟・八郎湖を通じて個体数は多い。

スジハゼ　*Acentrogobius virgatulus*
ハゼ科

八郎潟・八郎湖（船越水道・調整池・流入河川）汽水魚

2011年　船越水道

　八郎潟では本種の報告は認めていない（秋水試，1916.，片岡，1965）。しかし、本種の出現状況から推測すると、干拓前においても出現していた可能性がある。

　八郎湖では、本種は船越水道の河口周辺の砂浜部で夏期に認められているが、個体数は少ないようである。近年、本種は複数に分類されているが（鈴木ほか，2004）、当該個体は、腹鰭先端は幅広く黒く縁取られる、胸鰭基底下部の黒点は丸いなどの特徴からスジハゼA　*Acentrogobius* sp.A に対応すると思われる。

ヒメハゼ　*Favonigobius gymnauchen*
ハゼ科

八郎潟・八郎湖（船越水道）汽水魚

2009年10月15日　船越水道　全長8.7cm

　八郎潟では本種の報告は認められていないが、本種の出現状況から推測すると、干拓前においても出現していたと推察される。

　八郎湖では、本種は船越水道の河口周辺の砂浜部で夏期に認められているが、個体数は少ないようである（秋田県，2011）。

スミウキゴリ　*Gymnogobius petschiliensis*
ハゼ科

八郎湖（船越水道）　両側回遊魚
RL 環境省 2017 LP　RDB 秋田県 2016 NT

2012年9月9日　秋田県南部小河川

　本種はウキゴリに似るが、近年、別種として認められたため（Stevensen,D,E., 2002）、当時は八郎潟の本種に関してはウキゴリに含まれていた。

　船越水道でウキゴリおよびシマウキゴリとともに稚魚が認められたことはあるが、多くは男鹿半島や県沿岸の小河川の河口周辺に分布している。

　八郎潟では、船越水道から八郎湖経由で流入河川に遡上すると考えられる。

ウキゴリ　*Gymnogobius urotaenia*
ハゼ科

八郎潟（全域）・八郎湖（全域）両側回遊魚

2011年5月14日　大潟村南の池　全長10.5cm

　八郎潟では「潟の岸辺一帯の泥底と注水溝に生息」（片岡，1965）していた。

　八郎湖では6～7月に稚魚が大群で船越水道に遡上し、そのまま水門から調整湖に入り馬場目川などの流入河川に入る。1～2年で成熟すると礫の下面で産卵し、ふ化後仔魚は流下しながら降海する。

41

シマウキゴリ　*Gymnogobius opperiens*
ハゼ科

八郎湖（船越水道、流入河川）両側回遊魚

2018年8月5日　秋田市河川
全長7.5cm　体長6.1cm

　本種はウキゴリおよびスミウキゴリと良く似ているため、近年になって別種として認められた（Stevensen,D.E., 2002）。このため、本種はウキゴリに含まれていた。
　船越水道では過半がウキゴリであるが、一部に本種稚魚が認められている。流入河川の五城目川では、瀬の緩やかな礫の下で比較的多く生息している。

ニクハゼ　*Gymnogobius heptacanthus*
ハゼ科

八郎潟（全域）・八郎湖（船越水道）偶発性魚

2008年4月15日　男鹿半島沿岸　全長4.6cm

　八郎潟では本種を含めアシシロハゼ、チチブの3種のハゼ類のことをゴリ類と呼び、その産額は「ワカサギに次ぐ当湖産魚族中第2位を占め」「つくだ煮の原料としては最も重要」で、「分布は極めて広大にして至る所に生息」していたという（秋水試, 1916）。
　しかし現在、本種は男鹿半島沿岸砂浜の水深10m前後に出現するが、個体数は少ない。当時ニクハゼとしていたのは、ウキゴリ、ジュズカケハゼ種なども含まれていたと推察される。

ビリンゴ　*Gymnogobius breunigii*
ハゼ科

八郎潟・八郎湖（船越水道）　汽水魚
RDB 秋田県 2016 NT

2009年7月4日　船越水道　全長3.6cm

　本種は、干拓後にジュズカケハゼに分離された（髙木, 1966）。これまでビリンゴとされていたものの多くは、ジュズカケハゼに該当すると思われる。
　八郎湖では、本種は船越水道の浅い砂浜に出現するが、個体数は非常に少ない。

ジュズカケハゼ　*Gymnogobius castaneus*
ハゼ科

八郎湖（全域）純淡水魚
RL 環境省 2018 NT　RDB 秋田県 2016 N

20011年5月14日　大潟村南の池　全長5.5cm　雌

　八郎潟ではビリンゴとして「潟の全水域の浅瀬に生息汽水域に多い。中層に群集して游泳」とし、生殖期には雌は「体側に黄色の横帯ができ、粘液を出すので、納豆ゴリ」と呼んでいた（片岡，1965）。しかしこれらの特徴から、ビリンゴとしていたのは本種であることは明瞭である。
　八郎湖では、本種は船越水道でも認められるが個体数は少なく、主として調整池に多く生息する。本種は春季の産卵期の頃は非常に高価で流通している。しかしハゼ類全体の漁獲量は激減しており、1990年初頭のハゼ類漁獲量は20トン/年であったが、直近2017年の漁獲量はわずかに192kgとなっている。

チクゼンハゼ　*Gymnogobius uchidai*
ハゼ科

八郎湖（船越水道）　汽水魚
RL 環境省 2018 VU　RDB 秋田県 2016 NT

2009年7月4日　船越水道　全長3.3cm

　八郎潟では、本種に関する報告はない。しかし、本種の出現状況からは、干拓前においても出現していたと推察される。
　八郎湖では、本種は船越水道で夏期に認められているが、個体数は非常に少ない。秋田県で本種が認められているのは船越水道のきわめて限定した範囲であり留意する必要がある（参照P.55）。

アゴハゼ　*Chaenogobius annularis*
ハゼ科

八郎湖（船越水道）　偶発性魚

2010年6月10日　秋田県北部沿岸

　本種は主として沿岸の岩礁に生息しており、砂浜で認められることは少ない。また本種は塩分耐性が広く、短期間では汽水や淡水で生息することができる。
　八郎湖では、本種は船越水道で認められたことがあったが、その後は出現していない。

アカカマス　*Sphyraena pinguis*
カマス科

八郎潟（船越水道）・八郎湖（船越水道）
偶発性魚

2008年9月19日　男鹿半島定置網　全長25.4cm

　八郎潟では、本種は「海水浸入のとき水道付近でまれに漁獲」（片岡，1965）という状況だった。
　八郎湖では、成魚は秋季に潟上市周辺の定置網で漁獲されるが、船越水道に入ることは少ない。沿岸では、ゴミや流れ藻に混じって本種の5cm程度の稚魚が認められることがある。

マサバ　*Scomber japonicus*
サバ科

八郎湖（船越水道）偶発性魚

2011年4月24日　潟上市定置網　全長30.8cm

　八郎潟では、本種の報告はない。
　八郎湖では、船越水道で小型魚が入ったことがあったが、以降は確認されていない。船越水道は人為的水路で直線的であることから、塩分濃度が海水から淡水まで短期間に変動しており、それに対応して海水魚、汽水魚および淡水魚が移動している。このため、今後ともさまざまな海水魚が出現したり、洪水により淡水魚が流下されたりして認められることがあると思われる。

カムルチー　*Channa argus*
タイワンドジョウ科

八郎潟・八郎湖（西部承水路、中央幹線排水路、流入河川）　純淡水魚
国外外来魚（原産：ロシア沿海地方、中国大陸、朝鮮半島）

2007年5月28日　中央幹線排水路
全長55.8cm　重量1631g

　国内には1920年代に奈良地方に移入されたというが、八郎潟では「本種が潟に現れたのは、ごく近年の1959年頃から」であった（片岡, 1965）。
　八郎湖では各地区で認められるが、特に西部承水路と中央幹線排水路に多い。

カレイ目

ヒラメ　*Paralichthys olivaceus*
ヒラメ科

八郎潟（船越水道）・八郎湖（船越水道）
偶発性魚

2010年4月26日　秋田県北部
全長27.7cm　体重311g
左：有眼側（表）　右：無眼側（裏）

　八郎潟には「7～8月頃遡河して船越水道に生息するが量は少ない」（片岡, 1965）。
　八郎湖では、夏期に全長7cm程度の当歳魚が船越水道で認められる。稚魚が出現するのは水門までで、成長するに従い船越水道から外に出て行く。

ヌマガレイ　*Platichthys stellatus*
カレイ科

八郎潟（全域）・八郎湖（全域）偶発性魚

2011年4月24日　秋田県潟上市　全長35.3cm
左：有眼側（表）　右：無眼側（裏）

　八郎潟では「タカノハカレイ」の名前で、「終年湖海の間を去来し、周年漁獲」し「湖産魚類中重要のものなり」（秋水試, 1916）であった。
　八郎湖では、夏期に全長5cm程度の当歳魚が船越水道で認められる。また30cm程度の成魚がほぼ周年船越水道に生息しており、一部は調整池に入り馬場目川まで遡上している。

イシガレイ　*Kareius bicoloratus*
カレイ科

八郎潟（船越水道）・八郎湖（船越水道）
偶発性魚

2009年7月4日　秋田県北部　全長7.5cm
左：有眼側（表）　右：無眼側（裏）

　八郎潟には「9～2月入湖。船越水道の砂底に生息する」（片岡，1965）。
　八郎湖では、船越水道で夏期に稚魚を認められる。出現するのは水門までで、個体数は少ない。

マコガレイ　*Pleuronectes yokohamae*
カレイ科

八郎湖（船越水道）偶発性魚

2008年7月3日　男鹿半島沿岸　全長21.8cm
左：有眼側（表）　右：無眼側（裏）

　八郎潟では、報告がない。
　八郎湖では、船越水道で夏期に全長10cm程度の未成魚が認められたこともあるが、水道に入ることは少ない。

シマウシノシタ　*Zebrias zebrinus*
ウシノシタ科

八郎潟（船越水道）・八郎湖（船越水道）
偶発性魚

2008年5月12日
男鹿半島沿岸
全長14.3cm
上：有眼側（表）
下：無眼側（裏）

　八郎潟では「ツルマキ」の名前で、「クロウシノシタとともに水道付近でまれに漁獲される」（片岡，1965）。
　八郎湖では、船越水道での地びき網調査で出現することはあるが少ない。ただし、水道周辺の沿岸では比較的よく認める。

クロウシノシタ　*Paraplagusia japonica*
ウシノシタ科

八郎潟（船越水道）・八郎湖（船越水道）
偶発性魚

2007年8月16日
潟上市定置網
全長27.3cm
上：有眼側（表）
下：無眼側（裏）

　八郎潟では、「7～8月遡河し水道の砂泥底に生息するが量は少ない」（片岡，1965）。
　八郎湖では、船越水道で夏期に15cm程度のものが認められる。船越水道周辺では漁業者による刺し網漁業により行われており、大型の個体数が比較的多い。

フグ目

ウマヅラハギ　*Thamnaconus modestus*
カワハギ科

八郎潟（船越水道）偶発性魚

　八郎潟では「現在まで混漁されている」（片岡，1965）程度である。
　八郎湖では認められていないが、偶発的に出現する可能性はあると思われる。

2013年6月5日　男鹿半島沿岸　全長35.6cm

ヒガンフグ　*Takifugu pardalis*
フグ科

八郎湖（船越水道）偶発性魚

　八郎潟からは報告されていない。
　八郎湖では、船越水道の河口部および水門直下で行った地びき網調査で出現したことがあった。本種は秋季に水道周辺の水深の浅い藻場で比較的よく認める。

2007年8月17日　潟上市定置網　全長20.7cm

ショウサイフグ　*Takifugu snyderi*
フグ科

八郎湖（船越水道）偶発性魚

　八郎潟からは報告されていない。
　八郎湖では、船越河口でクサフグに混じり小型個体が認められる。本種は、秋田県沿岸では小型個体から大型個体まで多く認められている。

2006年10月2日　男鹿半島沿岸　全長13.3cm

クサフグ　*Takifugu alboplumbeus*
フグ科

八郎潟（船越水道）・八郎湖（船越水道）偶発性魚

　八郎潟では「6〜7月、体長8〜10mm程度の稚魚群集し遡河し、水道と南部の浅瀬に生息」（片岡，1965）していた。
　八郎湖では、夏期から秋季には船越水道河口から水門まで、稚魚から成魚までのものが多く生息している。

2017年7月9日　秋田市沿岸　全長7.5cm

46

トラフグ　*Takifugu rubripes*
フグ科

八郎湖（船越水道）偶発性魚

　八郎潟からは報告されていない。
　八郎湖では、船越水道河口で小型個体が認められたことがある。本種は、船越水道沖の水深30m付近で50cmを越える成熟魚が5月に産卵し、その周辺では夏期から秋季に稚魚から小型個体が認められている。

2010年5月23日　男鹿半島沿岸

エビ類、貝類など

イサザアミ　*Neomysis japonica*
アミ目アミ科

八郎潟（流入河川を除く全域）・八郎湖（流入河川を除く全域）淡水・汽水

　八郎潟では、「魚類の天然餌料として最も重要。塩辛の原料として農家の需要極めて多く、200トンを超え、漁具はいさざ曳き網など。7月、8月が盛期」としている（秋水試，1916）。漁獲量はきわめて大きく、1950～1956年では約2～約193トン/年であった（秋田県，1957）。
　現在でも、本種は「いさざ」、「いしゃじゃ」と呼ばれ、数軒が塩辛やつくだ煮を生産している（参照P.86）。

エビ類やオキアミ類に似ているが、アミ目アミ科のグループである。

スジエビ　*Palaemon paucidens*
十脚目テナガエビ科

八郎潟（全域）・八郎湖（全域）淡水・汽水

　八郎潟では、すがえび、おほえびと呼ばれ、蒸しえび、佃煮などに利用されていた（秋水試，1916）。漁獲量は400トンを超え、柴漬け、えび筒等で漁獲されていた。柴漬けの漁期は10月から翌4月で、1人当たり使用量は200～300個であった（秋水試，1916）。
　最近の漁獲量は500kg/年前後と1トン以下の状態で、定置網などの混獲が主体である。

上段：脚は跳ね、ヒゲは非常に長い。
下段：抱卵個体 5月（南の池）

47

ヌカエビ　*Paratya improvisa*
十脚目テナガエビ科

八郎潟（船越水道を除く全域）・八郎湖（船越水道を除く全域）淡水

西部承水路には比較的多く生息している。

　こえび、さるこえびと呼ばれ、スジエビに次ぐ産額はあったが、自家用として採捕するだけで（秋水試，1916）、量的には不明であった。なお、当時はヌマエビの名前で利用していた。
　現在もスジエビに混獲されているが、量的に少なく、また、小型であることから積極的に漁獲はされていない。

アメリカザリガニ　*Procambarus clarkii*
エビ目アメリカザリガニ科

八郎湖（船越水道を除く全域）淡水
国外外来種（原産地アメリカ）
生態系被害防止外来種リスト・緊急対策外来種

生態系に大きな影響を及ぼしていることから、環境省の「生態系被害防止外来種リスト」のほか、日本生態学会の「日本の侵略的外来種ワースト100」に選定されている。

　アメリカ南部に生息するが、1927年に国内に持ち込まれ、県内では戦後1950年頃に入り、八郎潟では1960年代後半から見られるようになったようだ。井上（1965）による「八郎潟に産する沿岸及び湖底の動物目録」では、本種は認められていない。
　最近は大潟村内の灌漑用水路では多く生息しているほか、調整池や承水路でも認められている。また、オオクチバスの胃内容から本種が認められることが少なくない。

モクズガニ　*Eriocheir japonica*
エビ目イワガニ科

八郎潟（全域）・八郎湖（全域）淡水・汽水・海水

左：大型のオス個体　　　右：船越水道の遡上個体

　最近の漁獲量は200～300kg/年前後で、秋季から冬季に雑建て網等で混獲されるほか、馬場目川、三種川などの流入河川では「がにどう」と呼ばれる「かご網」で漁獲されている。
　地元では「がに」、「川がに」と呼ばれ、ゆでて直接食べており、特に卵を有しているメス個体が好まれている。

カラスガイ　*Cristaria plicata*
イシガイ目イシガイ科

八郎潟（全域）・八郎湖（船越水道を除く全域）
淡水

八郎湖産左：殻長14cmの個体
八郎湖産右：若齢後背縁の翼状突起

「たがい（淡貝の意）と呼び、河口付近の泥中に生息すれども産額極めて少なし」（秋水試，1916）。

　30cmを超える大型であるが、地元では他の大型の2枚貝のこともすべて「からすがい」、「からすげっこ」などと呼ばれている。以前から食用にはほとんどなかったようである。

　近年は大潟村の排水路や東部承水路で、局所的に比較的多く発生することがあるが、利用されていない。

イシガイ　*Nodularia douglasiae nipponensis*
イシガイ目イシガイ科

八郎潟（全域）・八郎湖（船越水道を除く全域）
淡水

調整池沿岸の
殻長5.9cm

　シジミ類を漁獲していた時期は、「じょれん」で漁獲する際に本種も比較的多く混じっていた。しかし、その場で選択され捨てていた。現在も岸よりの砂泥底で見ることができる。

　本種は殻が硬く小型であり、以前も現在も食用に利用することはない。しかし、タナゴ類ではこの程度の大きさが産卵に適している。

ドブガイ属の1種　*Sinanodonta spp.*
イシガイ目イシガイ科

八郎潟（全域）・八郎湖（船越水道を除く全域）
淡水

中央幹線排水路

　八郎潟・八郎湖に生息する大型の淡水二枚貝については、分類や生態など不明な部分が多い。しかし少なくとも、カラスガイのほかドブガイ属のタガイとフネドブガイの2種が生息していると推察される（近藤，2008）。タガイは、殻高は殻長より大きいとしており、フネドブガイは背縁と腹縁は平行に走るとしている（増田・内山，2004）。

　これらドブガイ属の二枚貝は殻が薄く、食用には利用されていない。

ヤマトシジミ　*Corbicula japonica*
マルスダレガイ目シジミ科

八郎潟（全域）・八郎湖（全域）淡水・汽水

最近まで、小川原湖産等から稚貝を購入し、湖内に放流していた。
写真右は、マンガン（ジョレン）と呼ばれる漁具で漁獲していた漁具。

「もっとも重要なる貝類にして沿岸至る所の砂底に生息し」、漁獲量は3万5千貫（約130トン/年）程度であった（秋水試, 1916）。非常に安価であったため、多くは自家消費用であった。本種の個体数は塩分濃度が高い南部より、それが低い北部の方が多く、また、泥質より砂質底の方が大型あった（井上, 1965）。

干拓前は1956年に最高1,700トン/年で、干拓後は激減していった。しかし、1987年8月下旬から9月上旬に防潮水門工事があり、その間、台風の影響により海水が湖内に流入し、稚貝が大量発生した（渋谷・加藤, 1989）。その結果、1990年には1万トンを超える漁獲となったが、その後は急激に減少し、最近は皆無に近い状況となっている。

タイワンシジミ　*Corbicula fluminea*
マルスダレガイ目シジミ科

八郎湖（調整池、水路）淡水
国外外来種

2018年12月24日　八郎湖に流入するコンクリート水路。手網でとると、大小の貝が大量に入る（写真左）。殻内面は淡紫色から黒紫色で縁取りが明らかである（写真右）。

八郎湖に生息するシジミ類は、ヤマトシジミ、マシジミのほか1968年から放流している琵琶湖産セタシジミが認められている（佐藤, 2000）。しかし、最近になって八郎湖およびその周辺水路でタイワンシジミが認められるようになった。本種は国外外来種で、色彩や形態が多様であり複数集団のため「タイワンシジミ種群」として扱うことも多い（増田・内山, 2004）。殻長は3cm程度と小型であるため利用はしていないが、稚貝から成貝までが大量発生している水路もあり、今後とも状況を把握する必要がある。

ヒメタニシ　*Bellamya quadrata histrica*
原始紐舌目タニシ科

八郎潟（全域）・八郎湖（全域）淡水

八郎湖内に生息するタニシ類
左：ヒメタニシ　中：マルタニシ　右：オオタニシ

現在の八郎湖に生息するタニシ類は、ヒメタニシをはじめ、
マルタニシ*Bellamya chinensis laeta*
オオタニシ*Bellamya japonica*
の3種であるが、地元では各種合わせて「つぶ」と呼んでいる。

当時、「湖畔の水田には多産すれども湖に生息するものは極めて少なし」（秋水試, 1916）であった。

現在は、ヒメタニシは調整池、承水路などの湖岸で多く認めるが、小型であるため食用しない。他の2種については比較的少なく、周辺の水路やため池で食用にする程度である。

なお、マルタニシは環境省レッドリストの準絶滅危惧（NT）である。

50

4．八郎潟・八郎湖をめぐるエピソード

（1） 船越水道は魚の出口・入り口

　八郎潟は「船越水道（八郎川）を経て日本海に排水す。潮汐干満の差は極めて僅少なるがため海水の湖に侵入する区域はあまり広大ならず」（秋水試，1916）で、約4kmの蛇行部分があった。一方現在の船越水道は、いかに簡単に水を速く出すかを目的に1959（昭和34）年から1961（昭和36）にかけて直線的な水路として掘削し、同時に淡水は出るが海水は入らないように10門の水門を設置した。このような水門は「防潮水門」あるいは「逆水門」と呼ばれ、海から水門までは約2kmときわめてわずかな距離である（写真1）。

写真1　船越水道（手前：八郎湖側、奥：日本海）

　この後「男鹿東部農地防災事業」の一環として、新水門を2000年（平成12）年から2007（平成19）年にかけて上流20mに新設、旧水門は撤去した（東北農政局男鹿東部農地防災事業所事業，2004パンフレット）。新たな水門は12門で、左右に魚道、閘門式の舟通し1か所などが設置された（写真2および写真3）。

写真2　防潮水門（船越水道から上流を見る）

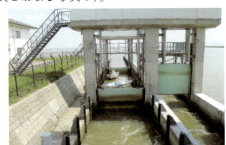

写真3　左側から閘門、魚道、八郎湖

　日本海から水門までの区間が船越水道で、ここにある閘門、魚道およびゲートを通じて魚類は湖にのぼったり、海に降りたりすることができる。ここでは淡水魚から、海水魚、汽水魚まで多様な種類が出現するが、主として機能の面から船越水道の重要性を見てみよう。

1）稚魚の成育場
　人間の赤ちゃんを保育園で安全に育てられるように、魚も稚魚の時は餌が豊富で安

全な場所が必要である。そのような場所を成育場と呼び、スズキ、ボラ、コノシロ、ヒラメなどの稚魚は大河川の河口や船越水道をある期間利用し、成長するに従い別の場所へと移動する。成育場は砂浜で水深が浅く、海水と淡水が混じる場所が多く、このような特殊な場所がなければ稚魚の生き残る率は低くなる。実際に調査で見ると、船越水道は稚魚にとっていかに重要な場所なのかが良くわかる。

写真4　船越水道における稚魚の曳き網調査（県の特別採捕許可に基づく）

写真5　スズキ仔魚

写真6　スズキ稚魚

写真7　スズキ稚魚

写真5　スズキ仔魚（2008年5月22日　全長38.2m，体長29.8mm）
写真6　スズキ仔・稚魚は春季から夏期に船越水道に集まり、大きく成長する
写真7　スズキ稚魚（2009年7月3日　全長84.8mm，体長70.8mm）

写真8　ボラ仔魚

写真9　ボラ稚魚

写真10　ボラ幼魚

写真11　メナダ

写真12　コノシロ

写真13　クロダイ

写真14　ヒラメ

写真15　ヌマガレイ

写真16　イシガレイ

2）遡上魚・降下魚の通路

　魚には、一生を淡水域で生活するもの（純淡水魚）や、一生を海水で生活するもの（海水魚）もいるが、一生の間に海と川を行ったり来たりするものも多い。それを「通し回遊魚」と呼び、幾つかのパターンがある。これらの魚類にとって、船越水道、八郎潟調整池および馬場目川等の流入河川という3者の関係は必須である。

① 遡河回遊魚：淡水で産卵するため、海から淡水へと遡上する。

写真17　カワヤツメ（八郎湖内の未成魚）

　カワヤツメでは、成魚は冬季に産卵のため海から八郎湖内へ遡上し、春季に馬場目川等の礫で産卵する。数年そこで生活し、春季に馬場目川から海へ降りる。

　サケの親魚は産卵のため秋季に海から船越水道経由で馬場目川に遡上し、直ぐに産卵する。卵はふ化すると翌春季には1g程度になり船越水道経由で海へ降りる。その後、北太平洋で回遊しながら4年前後で4kg前後に成長し、元の河川へ戻る。

写真18　降下するサケ稚魚（船越水道）

写真19　遡上するサケ親魚（雄物川水系）

　ニホンイトヨは4～5月に海から船越水道に入り、魚道や閘門などから湖内に遡上する。その後湖岸や流入河川の流れのゆるやかな場所で巣をつくり、そこで産卵・ふ化、6～7月に2cm程度になると海へ降りる。沿岸で成長し、翌春には親魚となって産卵のため遡上する。このように一生の中でさまざまな環境が必要なだけに、最近、ニホンイトヨは激減し、姿がまったく見えなくなった。背に3本の棘を持ち、巣をつくるこのかわいい魚の今後が非常に心配される。

写真20　遡上するニホンイトヨ（船越水道）

　シロウオは4～5月に海から船越水道に入る。産卵は淡水の礫の下面に卵を付着するように行われるが、船越水道では適当な場所が非常に少ないと思われる。そのためか、米代川と比較

写真21　遡上するシロウオ（船越水道）

して遡上親魚は非常に少ない。産卵・ふ化後、そのまま海へと流下し、沿岸で成長し翌春になると産卵のため親魚として再び遡上する。

シラウオは一生を湖内で生活するものもいるが、一部は産卵のため海から遡上してくる。船越水道の魚道は、シラウオにとっては流速が速すぎて入れないので、5〜6月になると周辺に成熟した親魚が群れをなしている。以前は、閘門を利用して湖内に入れるようにしていた。湖内にいるものの中には水門から船越水道へ流下しそこで成長するものもいて、春季には成熟して湖内へ遡上することになる。

写真22　遡上するシラウオ（船越水道）

② 降下回遊魚：カマキリは厳冬期に河口沿岸で産卵し、ふ化後、春季には河川に遡上して成長し、成熟すると海へ降る。夏期に成魚が馬場目川で採捕されたり、冬季に八郎潟調整池での定置網に成熟した親魚が混獲されたりしたことがあり、遡上した稚魚は春季に船越水道で確認されたこともある。しかし、個体数はきわめて少ない。

写真23　カマキリ（河川での成魚）　　写真24　カマキリ（海から河川に遡上した稚魚）

③ 両側回遊魚：河川で産卵しふ化すると海へ降りるが、再び河川に遡上し成長する。
アユの場合、秋に成熟し（写真25）、礫の表面に産卵する（写真26）。10日前後でふ化するとそのまま海へ降りる（写真27）。沿岸で成長し、翌春に河口から河川へと遡上する（写真28　2008年4月8日　船越水道水温12.5℃，全長53.8mm，体長45.1mm）。
ウキゴリは春季に河川で産卵ふ化し、6〜7月には船越水道から稚魚が八郎

写真25　成熟したアユ　　写真26　卵　　写真27　ふ化直後　　写真28　海から遡上

写真29　ウキゴリ稚魚　　写真30　アシシロハゼ稚魚　　写真31　ヌマチチブ稚魚

潟調整池や馬場目川河口で大量に出現する（写真29）。
　またアシシロハゼ稚魚やヌマチチブも多く出現する（写真30，写真31）。

3）希少な魚類の生息場所

　船越水道は海水と淡水が混じった「汽水」で、底質は砂ないし砂泥に礫や貝殻がわずかに散在しており、このような特殊な環境場所でしか生息することができない魚種がいる。これらは生態的にも遺伝的にも不明な部分が多いまま、いつのまにか絶滅するおそれがある。

　① チクゼンハゼ

　　チクゼンハゼは1957年に新種として報告されたもので（Takagi, 1957）、名前は福岡県の筑前から出たものだ。日本固有種で、日本海での分布範囲はこれまでは本州京都府から福岡県までとされていたが（鈴木ほか，2004）、最近になって船越水道でも確認され、その後、秋田県版レッドデータブック2016の準絶滅危惧に記載された（一関，2016）。

　　全長4cm前後の小型のハゼ類で、下顎に肉質のヒゲ状突起を持っている。この魚は河口でアナジャコ類などの孔道を生息場、産卵場に利用している（道津，1957）。本種が確認されているのは県内ではこの船越水道だけであるが、この場所自体は人工的に造成しただけに、その由来を含め非常に興味深い。また生息場所は、水道の中でもきわめて狭い範囲であり現在の生息環境や産卵条件などを考えると、保全には十分に留意する必要がある。

写真32　2009年7月4日　　　　　　　写真33　2011年4月24日
全長33mm，体長27mm　　　　　　　全長41mm，体長34mm

　② ヒモハゼ

　　日本海側では青森県から九州までの沿岸の河口に生息しており（鈴木ほか，2004）、秋田県内では船越水道の汽水域で認められ（一関，2016）、秋田県版レッドデータブック2014の準絶滅危惧に記載された。その後秋田県内では、2017年に米代川河口においても確認された。

　　本種は全長4cm程度と小さく、名前のとおりヒモのように細長い形をしており気がつく人も少ない。生息場所は船越水道の貝殻の下や周辺の穴の下などごく限定された狭い範囲であるため、些細な工事やちょっとした水質悪化などで容易に絶滅する可能性がある。本種の生息場所は常に留意していなければ守ることはできない。

写真34　2008年6月9日
全長29mm，体長25mm

写真35　2008年8月29日
全長37mm，体長33mm（外側から卵が透けて見える）

③　ビリンゴ

　本種は九州から北海道まで大河川や湖に流入する河口のヨシなどが繁茂している場所に生息しているが、秋田県内では好適な地点が少ないためか個体数は非常に少ない。船越水道で本種が生息する範囲は非常に限定されている。

写真36　ビリンゴ2009年7月4日　船越水道　全長36mm，体長21m（左右は同一個体）

④　クルメサヨリ

　船越水道に生息するが、成魚は5～6月には魚道から八郎湖内に入る。7月には大潟橋周辺の水草に付着された卵、稚魚および成熟個体が同時に出現することがあり、産卵期は比較的長期に及ぶようである。11月には表層で成魚が認められるが、個体数は少なく、生態的に不明な部分が少なくない。一方、八郎湖を含め国内における青森県十三湖から福岡県筑後川までの8集団についてDNA分析を行ったところ、各地域により遺伝的分化が顕著であった（小林ほか，2018）。すなわち、八郎湖のクルメサヨリは八郎湖独自のものを持っていることを意味しており、生活史の把握とそれに基づく保全が重要である。

写真37　2011年7月9日東部承水路
全長37mm，体長28mm

写真38　同年、同地点
全長171mm，体長132mm（精液確認個体）

（2） コイの実態

１）コイの生態

　八郎湖では、コイは産卵のため３月下旬から湖岸に集まるようになり（写真１）、水温が一挙に高くなる４月中旬から５月中旬になると、コイの産卵盛期になる（写真２）。湖岸に行くと、コイが昼間でもヨシやマコモで水面をバシャバシャしながら産卵する風景を見ることができる(写真３)。その時、水中の茎や根を取り上げると、大量に付着した卵を見ることができる（写真４）。

　卵は３日前後でふ化し（写真５）、その後の成長は速く、夏には５cmを超え（写真６）、１〜２年で30cmになる。食性は雑食性で、泥と水とともに餌をとるため口を開閉して底泥を巻き上げる。またノドの部分にある咽頭歯により硬い二枚貝や巻き貝を破砕して食べる（写真７）。寿命は数十年と長く、天敵が少ないため全長１m、体重10kgを超えるものも少なくない。

　このため、コイについてはさまざまな問題点が言われるようになってきた。コイはユーラシア大陸が原産で、それ以外のアメリカ、オーストラリアなどは外来種の位置づけである（日本については後述）。外来種の中でもコイは、特に生態系や人間活動

写真１　1999年３月28日　馬場目川河口
　　　　全長98cm　体重11.8kg

写真２　コイの魚拓：昭和50年５月５日
八郎湖定置網　全長101cm、体重18.5kg

写真３　産卵風景（2017年５月４日東部承水路）

写真４　コイが産卵した付着卵

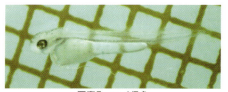
写真5　コイ仔魚
（2017年5月8日　同卵からふ化したもの）

写真6　コイ未成魚
（2011年7月3日　大潟村　全長58mm　体長47mm）

写真7　コイの咽頭歯
（2010年9月16日　体長598mm、体重2900g）

写真8　コイは八郎湖に生息するタニシ類（上段）や二枚貝（下段）などを食べる

への影響が大きいことから国際自然保護連合（IUCN）が2000年に出した「世界の侵略的外来種ワースト100」のリストに入った。その理由は「汚染に強く雑食性で何でも食べ低温にもよく耐える。30cmを越す大きさに育つので天敵が少なく、淡水水域の水底における単一優占種と化す」というものだ。

2）コイは外来魚

　コイは八郎潟を代表する魚種のように考えられているが、地元の古老からは「昔はコイの姿を見たことがなかった」と言われることもある。また、八郎湖に生息するコイは在来なのか、他地域から持ち込まれたのか、と聞かれることもある。

　実は最近のDNA分析や形態から、現在日本に生息するコイは外国由来のコイ（大陸型、飼育型等と呼ばれる）と日本在来のコイ（在来型、琵琶湖のコイ在来型）がいるが、ほとんどは養殖や放流された前者である（馬渕ほか，2010）。後者の在来型については、縄文の遺跡から出現するコイの咽頭歯から推察すると関西以西に分布していたが、人間が大陸から持ち込んだ飼育型コイにより競争や交雑が進み（確実な放流記録は明治37年ないし38年であるが、江戸時代には入っていたようである）、在来型が現在もかろうじて残っているのは琵琶湖の深層に生息しているものだけである（馬渕・松崎，2017）。すなわち、飼育型コイが国内に入ったのは江戸時代で、八郎潟でこのコイを増やそうと懸命に他から持ってきて放流をしたり、捕獲禁止をしたりしたのは200年ほど前だと思われる。

実際、八郎潟沿岸の中山遺跡（縄文時代晩期前葉）からはウグイ、ニゴイの仲間、フナの仲間などの咽頭歯は出現したがコイは確認されなかった。

　しかし、1827（文政10）年秋田藩主佐竹義厚の「義和公頌徳集」に「八郎潟に鯉魚五百余を放ち、3カ年捕獲を禁ず、かつ郡奉行に命じ、数器（漁具の使用）を禁じ小魚の保護育成を計る」とある（天樹院公頌徳集編纂会，1921）。また1891（明治24）年の鹿渡村では、フナ1万尾、1300貫（4,875kg）、コイは10尾、10貫（37.5kg）の漁獲記録がある（山本郡琴丘町，1970）。

　さらに1916（大正5）年秋田県水産試験場の八郎湖水面利用調査報告書によれば、「当湖に産する鯉は河川並びに湖沼より脱出して入湖せるものなれば、その量きわめて少なく1か年わずかに数十尾を漁獲するに過ぎざる」（秋水試，1916）と述べている。その後、干拓し淡水域になったことに対応して「大きな漁獲にはいたらなかったので、昭和30年から年々、600,000～700,000尾の放流を行ってきた」り、1965年5月25日に体重59gの個体、計5万尾を放流している（半田，1966）。

　一方、八郎潟における1950年から現在までの漁獲量では、コイの記録は1963年の4トンが最初で、最高でも1981年の33トンと決して多くはなかった。そんな中、1960年代後半に網生け簀によるコイ養殖が行われるようになり、1974年には15経営体が222か統で542トンを生産したこともあった（「か統」は生け簀網の単位）。しかし霞ヶ浦での大量生産により八郎湖ではその後激減し、現在は八郎湖養殖そのものがほぼ皆無となっている。またその過程で、生け簀網の破損によりコイが逃げたり、養殖の中止により放流したりしたようである。

　最近ではコイ料理を食べる人も少なくなり、漁業者はコイが建て網やさし網に入ってもそのまま放流することも少なくない。利用するのは遊漁者や毎年行われる「全日本野鯉　鮒釣り大会」程度であり、それさえも、長さと重さを量ればそのまま放流しているだけだ（写真9）。そして直近2017年の漁獲量はわずかに1.4トンで、これを1尾当たり平均2kgとすれば、わずか700尾ということになる。

　結局、八郎潟のコイは資源量を含め不明な点が多いまま、人間がさまざまなことを行ってきた。そのような中で、コイが環境悪化の原因の1つであることは事実であり、今後、積極的な駆除を含め具体的に対応する必要がある。

写真9　「全日本野鯉　鮒釣り大会」の碑（大潟橋下に設置され、毎年記録が更新し載せている）

（3） ウナギはどこからくるのか

　ウナギ（標準和名はニホンウナギであるが、ここでは単にウナギと呼ぼう）は、海で生まれ透明なシラスウナギの状態で淡水に遡上し、そこで大型になるまで成長し、成熟すると産卵のためにクダリウナギと呼ばれ海に降りることがよく知られている。また、ウナギの天然産卵場が日本から3,000キロも離れた西マリアナ海嶺南端部であることが明らかになったこと（塚本，2006）や、シラスウナギが激減し環境省のレッドデータリストでは絶滅のおそれのあるものの一つになったこと、蒲焼きが急騰してなかなか食べられなくなったことなど、ウナギ問題としてマスコミに大きく取り上げることが少なくない。

写真1　八郎湖のウナギ（秋田魁新報，2016年5月25日）

　八郎湖でも全長117cm、体重2.8kgの超大型のウナギが漁獲され、地元の新聞に出たこともある（写真1）。

　しかし「八郎潟・八郎湖に天然のウナギはいるのだろうか」という質問に答えることは非常に難しい。なぜならば、八郎潟・八郎湖ではシラスウナギが遡上したという確実な記録は皆無だからだ。

　今日にいたるまで、八郎潟・八郎湖のウナギに関しては不明なことが少なくないが、ここではいくつかの報告を参考に考えてみよう。

１）天然のクダリウナギを漁獲していた

　約100年前、八郎潟におけるウナギの放流や生態に関し、当時の水産試験場が八郎湖水面利用調査報告書で驚くほど詳細に報告している（秋水試，1916）。やや長くなるが、そのまま記してみよう（一部は読みやすくしている）。

　「鰻は従来当湖に生息するもの極めて稀なりしが、明治29年（1896年）以降県費または南秋田郡費をもって鰻苗を東京、松島湾より移植せる結果、現今は１か年産額約５千貫（約19トン）、その価格約４千円あまりに達するに至れり」とし、その放流量は明治29年（1886年）、70貫目（約263kg）から大正４年（1915年）、158貫目（約593kg）まで12年間連続で合計約4.4トン（1,167貫目）であったことを報告している。そして「以上の如く移殖の結果により当湖鰻の産額を見るに至りたるも、従来その生息稀なりしをもって鰻専用の漁具なく、ただ秋季海に下降するの際、簀立網に入りたるものを捕獲するに止りしが、本場において鰻延縄を奨励しこれが普及を計りたる結果、ようやくこれを使用してこの漁を営むもの多きを加うるに至れり」と、それまでは秋季に天然のクダリウナギだけを漁獲していた状況を述べている。

次いで「鰻は春季多く水藻繁茂せる沖合いの深所にすみ、夏季天然餌料の多く繁殖するに至れば浅所を游泳索餌し、秋季水温の下降するに従い再び沖合い深所に去り、泥土中に潜り越冬す」、「鰻は性貪食にして昼間は泥中又は砂礫の間に潜伏し夜間出て、活発に游泳し比較的大なるゴカイ、ハゼ、ゴリ類、ドジョウ、エビ等供す」。「当湖において延縄の餌料として多く使用するはエビ、ドジョウにして、春季より7月頃までエビを餌とし、この以降はもっぱらその用に供す」。

「秋季10月頃に至れば海洋に至るもの多く天王、払戸、船越等湖口部の簀建網において捕獲せらるるもの多し」。「また"上り鰻"と称し毎年3月下旬より5月上旬にわたりて海より遡上す。ことに潮流の湖中に逆入する場合は遡上多しという。この"上り鰻"は体長1尺5、6寸（約47〜50cm）にして、普通の鰻に比し吻端尖り眼径やや大にして魚体多くは負傷し居るを認む」。

　この報告書は、ウナギについて周年の移動、餌、漁具など詳細に説明しており、また、移殖放流（種苗の放流）以前からクダリウナギだけは漁獲されていたと述べている。この状況から推察すると、八郎潟にはシラスウナギは直接的に認められていないが、天然のウナギが生息していたこと、すなわちシラスウナギが遡上していたことは間違いなかったと言える。

　なお、全国有数の天然ウナギの産地である青森県小川原湖では、1964（昭和39）年の調査で流入河川の高瀬川でシラスウナギが確認されたことがあり、その後2016（平成28）年の調査で4尾を採集したことが報告されている（松谷，2016）。小川原湖でのウナギ漁獲量は1996年に78トンを記録し、1995〜2001年には全国1位の漁獲量となっている。そのような場所でさえ、シラスウナギを捕獲することは大変難しい。いわんや、八郎潟・八郎湖でシラスウナギを確認することは至難の業と言えよう。

２）「海うなぎ」がいたか

　八郎潟で実際に魚類の調査を行っていた片岡氏によれば「春から初夏にかけて、浜の地曳網（さよりを主たる網）に、うなぎが入っていることがある。わたしも時々見たがいづれも青緑のもので、潟のうなぎのような黒味がない。だから潟のうなぎが浜から採れるのではなく、海かほかの川か何かのうなぎと思うが…略。」と述べている（片岡，1973）。これについては、現在、一生を海水に生活する「海ウナギ」の存在が明らかにされている（塚本，2006）。

　これら八郎潟で生活していた「上り鰻」と称し海から遡上する50cm程度のウナギや、「海ウナギ」の存在など非常に興味深いが、残念ながら現在の八郎湖を含めウナギの実態は分からないままである。

３）ウナギの漁獲量推移

　八郎潟におけるウナギ漁獲量は1950年から直近の2018年まで把握されているが、特に干拓前の1955〜1958年までの4年間は毎年100トンを超えていた（図1）。しか

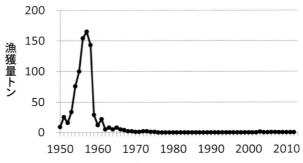

図1　ウナギ漁獲量の推移（1950～2018年）

しその後は激減し、1962（昭和37）年以降は10トン以下となり、1974（昭和49）年以降は1トン以下となった。

　この漁獲量の激減は八郎潟における干拓事業前後を反映したもので、その後はまとまって漁獲されることはなくなり、最近6か年（2013～2018年）の平均漁獲量は約360kg/年であった。ウナギの蒲焼き用サイズは1尾250g程度なので、漁獲サイズも同様とすると最近の漁獲尾数は1500尾程度と推察され、非常に少ないように見える。しかし知る人ぞ知る、今でも市民市場などでは「八郎潟産ウナギ」、「天然ウナギ」という看板を見ることもあり、普通の養殖ものと比べ非常に高い価格で出荷されている（写真2）。

写真2　八郎湖東部承水路の定置網で漁獲されるウナギ（湖岸の漁師は大型個体を好む）

4）八郎潟におけるウナギの放流実績

　前述のとおり、八郎潟におけるウナギの放流は明治29年（1896年）以降継続して行われていたが（秋水試, 1916）、ここでは実際の事例として秋田県水産試験場が「昭和11年度　試験事業報告書」（秋水試, 1938）の「鰻児移殖事業」について述べよう。

　「平均1尾体重3匁（11.25g/尾）の鰻児350貫（約11万6千余尾）を購入移殖の予定なりしも、鰻児原産地たる宮城・茨城・福島の3県は共に本年は一般に薄漁にして、ことに3匁内外の稚鰻の漁獲すこぶる僅少なりしため、宮城県石巻市穀丁岡三郎氏より平均体重6匁（22.5g/尾）の鰻児250貫を購入運搬し、左表の如く8回にわたって4万6千余尾を八郎湖に放流したり」　続いて表に放流実績等を詳細に記しているが、ここでは概要を述べよう（実際は各月日毎に記載している）。

　月・日：6月24日から7月27日まで
　到着重量：合計249,994匁
　死体数量：合計2,282匁

１尾平均重量：6.0匁
　放流数量：合計247,712匁
　放流尾数：合計46,067尾
　放流場所：一日市町より天王村羽立沖合など
　この報告書を見ていると、当時の水産試験場職員のウナギ放流に対する情熱や地元住民の八郎潟に対する熱意がひしひしと感じてくる。

５）八郎湖増殖漁協によるウナギの放流実績

　干拓後設立した八郎湖増殖漁協によるウナギの放流実績は、1969（昭和44）年から現在に至るまでほぼ継続実施している。放流する際の単位は年により重量kgか尾数によるもので、最近はその両方が載せられている。また、放流する際の産地はシラスを採集した場所ではなく購入している場所となっており、県内、静岡県、宮崎県、愛知県、鹿児島県、高知県など多岐にわたっている。

　ここで、重量と尾数との両方が残されている最近14年間の記録について整理してみよう（図２）。毎年の放流量は、重量は15～258kg/年、尾数では263～10,900尾/年となっており、１尾当たりの重量は18～190gと非常に大きな幅となっている。2010年のように、適当な大きさの放流種苗が無いため、蒲焼き用サイズに近い１尾190gのものを放流せざるを得なかった時もあったようだ。漁協では小型１尾当たり30g前後の放流種苗を放流しようとしているが、ウナギの資源自体が激減し価格も異常に高騰しており入手が非常に困難であるためである。

　漁協では「漁師にとってウナギは、量は少なくても本当に貴重な魚だ。放流しないと捕れないので、毎年、種苗を購入しなければならない」という。八郎潟・八郎湖のウナギは値段だけの問題ではなく、脂がのって美味しく昔から特別扱いされる大事な魚なのだ。それだけに、八郎湖にウナギが存在していること自体が大きな意味を持っているのだ。

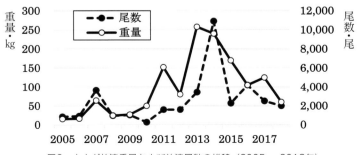

図２　ウナギ放流重量および放流尾数の推移（2005～2018年）

（4） 八郎潟から絶滅した魚　ゼニタナゴとシナイモツゴ

　干拓前の八郎潟には多数の魚種が生息していたが、干拓後に絶滅した魚は2種類だけである（海水魚や汽水魚を除く）。「絶滅したのはたった2種なのか、もっと多くの魚種がいなくなったのではないか」と逆に驚く人もいる。しかし、八郎潟から2種の魚が絶滅したということは想像以上に大きな問題なのだ。

1）ゼニタナゴ

　ゼニタナゴは地元では「きんだい」とも呼ばれ、地方名があるくらい普通にいた魚だったが、誰も気がつかないまま八郎潟から絶滅した淡水魚である。八郎潟のゼニタナゴは、干拓前後に絶滅した可能性が大きいが、原因も経過も不詳のまま八郎潟から姿を消したのだ。現在も「その魚であれば見たことがある」と言う人がいたり、その魚を直接持ってくる人もいるが、それはタナゴ類でも中国産外来魚のあるタイリクバラタナゴであることが多い。

　ゼニタナゴの特徴は、鱗がきわめて小さいことである。全長8cm程度であるが、大型個体は10cmを超え、上方の肩部に濃い青色の斑紋がある。産卵期の9〜10月になると、オスは紫紅色ないし茜色の美しい婚姻色となり（写真1）、メスは黒色の産卵管を伸ばし（写真2）、二枚貝の中に産卵する（写真3および写真4）。翌5月下旬から6月になると仔魚は二枚貝から浮上し岸寄りのヨシ、マコモ等のすき間に生息する（写真5）。

　日本固有種で、利根川、雄物川や霞ヶ浦、八郎潟など大河川と大型の湖沼を中心に1都11県に分布していたが、現在も生息が確認されているのは秋田県のいくつかと、数県の数カ所のきわめて狭いため池だけである。

　八郎潟に生息していたゼニタナゴが干拓後の今も生息しているとしたら、どのような場所であろうか。水質悪化や汚泥の堆積がないことのほか、産卵に適した二枚貝が多数生息していること、その二枚貝が継続して繁殖していること、二枚貝から浮上した稚魚が生息するヨシやマコモなどが密生していること、オオクチバスなど外来魚がいないこと、また観賞魚業者やマニアの捕獲がないこと、何よりもゼニタナゴのモニタリング調査を実施し、問題があればすぐに対応していること、そしてこれらが安定していること。

写真1　左：ゼニタナゴ雄個体
写真2　右：ゼニタナゴ雌個体

こうやって考えてみると、その魚が生息していたということはその環境条件があったということであり、姿が見えなくなったのであれば、それに相応する環境の変化があったのだ。その魚は無理でも、せめて環境だけでも元に戻したいと強く思う。

 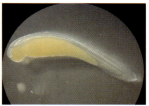 

写真3　左：2006年1月6日　二枚貝で発達中の仔魚
写真4　中：同左接写
写真5　右：2017年5月28日　秋田市大森山動物園保護池　二枚貝から浮出した稚魚

2）シナイモツゴ

　秋田県内のシナイモツゴは独特の呼び名を持っていた。「つらあらわず」は、産卵期の4～5月に雄の顔面に多数の白色の突起が出現することから、顔を洗っていないという意味であり、「やちみご」は、じめじめする谷地にいる小魚を呼んでいた。しかし驚いたことに、これらの地方名は別種のモツゴに対し今でも使われることがある。この両種はきわめてよく似ているため、昔からいた一方が絶滅し、本来はいなかった他方に置き替わったことに気がついていないのだ。
　ここで、在来魚のシナイモツゴと国内外来魚のモツゴを比較しよう（表1）。

表1　シナイモツゴとモツゴの比較

特徴	シナイモツゴ	モツゴ
天然分布	関東以北の青森県を除く	本州関東以南の本州から朝鮮半島
八郎潟	在来魚	国内外来魚
側線有孔鱗	側線有孔鱗0～4枚	側線有孔鱗35枚前後
背鰭、尾鰭の外縁	丸い	先端が鋭い
尾鰭の湾入	浅い	深い
体幅	厚い	薄い
産卵期	4月中旬～5月中旬	4月中旬～7月
産卵場所	安定した枝の下、石など選択	不安定な枝や葉の下面など無選択
産卵期生態	雄同士は激しく戦い、産卵場所を守る	雄同士は競争せず、容易に産卵
成長	遅い	速い

　それでは、なぜ、シナイモツゴが生息する場所にモツゴが入ると、前者は絶滅し後者だけになるのだろうか。

最近の研究によれば、本来はシナイモツゴ同士で受精するが、そこにモツゴが入るとシナイモツゴの雌にモツゴの雄が受精する。その逆（モツゴ雌×シナイモツゴ雄）はなく、結果として一方の雑種（シナイモツゴ雌×モツゴ雄）だけになるという（小西・高田, 2013）。

　すなわち、八郎潟などシナイモツゴが生息していた場所に他からモツゴが入ると、春にはこの両種が産卵するが、シナイモツゴ（雌）の卵にはモツゴ（雄）が受精し雑種ができる（その逆はなく、モツゴの方は普通に繁殖する）。しかもモツゴは産卵期間が長く、成長は速い。結局、雑種は産卵能力が無いので、数年もすればいるのはモツゴだけということになる。（写真6〜14）。

　現在、環境省のレッドリストではシナイモツゴは「このままでは絶滅する」との位置づけであるが、東北地方などのモツゴは「生態系被害防止対策」の「その他の総合対策魚類種」となった。もし現在、八郎湖周辺の誰も気がつかないような小さなため池にシナイモツゴが生き残っていたら、今度こそは絶対に守り続けなければならない。なぜならば、それは八郎潟の魚だからだ。

写真6　　左：モツゴ　秋田市　17年5月12日　長6.2cm，体長5.4cm
写真7　　同中央：全長6.8cm，体長6.4cm
写真8　　同右：ハスの葉の裏側に付着した卵

写真9　　左：シナイモツゴ×モツゴ雑種個体　秋田市　2014年9月20日　全長7.7cm，体長6.2cm
写真10　中央：雑種個体　秋田市　2017年5月12日　全長7.0cm，体長5.7cm
写真11　右：中央個体の拡大　側線有孔鱗が背鰭基部中央まで連続している

写真12　左：シナイモツゴ雄個体　秋田市　2015年5月16日　全長7.0cm，体長6.0cm
写真13　中央：秋田市　2014年9月20日　全長6.9cm，体長5.8cm
写真14　右：秋田市　2017年5月3日　水面から取り上げた枝の付着卵

（5） 八郎潟で生息していた縄文時代のウケクチウグイ

　ウケクチウグイは日本の固有種で、信濃川、阿賀野川、最上川など日本海北部の大河川で認められており、秋田県では1991年1月20日に1個体ではあるが子吉川で確認されている（杉山，1997）。その個体は、ウケクチという名前のとおり下顎が上顎より突き出ていて全長461mm、体重1,840gと非常に太った大型のものだった（写真1）。

　その後耳石の分析から、この個体は川と海を何回か移動し、最後に子吉川に遡上した可能性が大きいと考えられた（今井ほか，2008）。すなわちウケクチウグイは、大河川で春季に産卵・ふ化し、そのままそこで成長・成熟するが、海に移動する能力もある。子吉川で確認されたその北限の魚は、最上川など淡水から一旦海に移動し、沿岸に沿って再び河川に遡上（別の河川に何回も移動した可能性もある）したと考えられるのだ。

　このウケクチウグイの咽頭歯が、秋田県五城目町の中山遺跡（写真2）から出土したコイ科魚類咽頭歯の中から確認された（写真3）。この遺跡は、縄文時代後期（約4,500－3,300年前）から晩期（約3,300－2,800年前）のもので、確認されたのは「八郎潟沿岸における低湿地遺跡の研究」（上條編，2016）の一環として発掘されたウグイ、マルタ（最近の研究により、別種のジュウサンウグイと考えられる）とともに出現した1個の歯である。なお比較参考のため、ウケクチウグイの最上川産飼育個体の咽頭歯（写真4）およびウグイの米代川産天然個体の咽頭歯（写真5）を示す。

　縄文時代、ウケクチウグイは八郎潟に生息していたのだ。しかし、何を食べ、どこで産卵していたのだろうか。子吉川で確認されたもののように、偶然、八郎潟に入っていたのだろうか。それとも、ウケクチウグイの大群が日本海と八郎潟をダイナミックに移動していたのだろうか。そして、このウケクチウグイを獲り、食べた縄文人はこの味をどう思ったのだろうか。考えていると、目の前に大きな八郎潟が見えてくる。

写真1　子吉川で採捕されたウケクチウグイ

写真2　現在の中山遺跡（写真奥右側。湿地帯、泥炭層の調査で約2万㎡が発掘された。）

写真3左　中山遺跡から出土したウケクチウグイの咽頭歯
　　　　（中島・廣田，2016。五城目町教育委員会）

写真4中　ウケクチウグイ咽頭歯（左側）染色
　　　　（2018年9月12日　最上川産飼育個体　全長459mm，体長384mm）

写真5右下　2017年米代川産ウグイの咽頭歯（左側）

（6）　外来魚問題の現状とオオクチバスの動向

1）外来種問題とは

外来種とは「種、亜種、またはそれ以下の分類群で、その自然分布域と分散能力域の範囲外に生息・成育するもの」（国際自然保護連合，2000）で、人間が意図的かどうかにかかわらず、人間の力により本来の生息場所にいる種（在来種）がその範囲外にいるものだ。その上で、外来種のうち国外由来か国内由来かで、「国外外来種」と「国内外来種」に分けられ、それが魚類の場合は「国外外来魚」、「国内外来魚」と言うことになる。国外から持ってきたものだけが外来魚ではなく、国内のものでも外来魚はいるのだ。

八郎湖に生息する外来魚の種名とその由来を見てみよう。現在、八郎湖に生息する外来魚は14種で、その内訳は国外外来魚8種、国内外来魚6種である（表1）。

なお日本の自然水域のコイは、日本固有の「琵琶湖のコイ在来型」（瀬能，2015）とユーラシア大陸から導入された個体に由来するものとが認められており（馬渕ほか，2010）、後者は国外外来魚である（参照P.12）。

表1　八郎湖における外来魚

外来魚	種　名	本来の主な分布	生態系被害防止外来種リスト	最近の状況
国外外来魚	タイリクバラタナゴ	中国大陸・台湾	重点対策外来種	多い
	ハクレン	中国大陸	その他の総合対策外来種	現在はいない
	ソウギョ	中国大陸	その他の総合対策外来種	少ない
	コイ	中国大陸		多い
	ニジマス	カムチャッカ半島、北米	産業管理外来種	局所的
	タウナギ	中国大陸		少ない・局所的
	オオクチバス	北米大陸	緊急対策外来種	多い
	カムルチー	中国大陸		普通
国内外来魚	ゲンゴロウブナ	琵琶湖		多い
	オイカワ	関東以西		多い
	モツゴ	関東以西	その他の総合対策外来種	多い
	ビワヒガイ	琵琶湖		普通
	タモロコ	東海以西		少ない
	カジカ小卵型	本州・四国の太平洋側		少ない・局所的

＊生態系被害防止外来種リストは本文参照のこと

この問題に対処するため制定された外来生物法（特定外来生物による生態系等に係る被害の防止に関する法律　平成16年）は「特定外来生物による生態系、人の生命・身体、農林水産業への被害を防止」するもので、特定外来生物に指定されると「その

飼養、栽培、保管、運搬、輸入といった取扱いを規制」することになる。そして持ち運びや輸入を禁じた場合、個人は3年以下の懲役もしくは300万円以下の罰金、法人は1億円以下の罰金が科される。罰が非常に厳しいように見えるが、それほど外来生物の影響は大きいのだ。特定外来生物には哺乳類ではアライグマ、爬虫類ではカミツキガメ、両生類ではウシガエルなどがあり、魚類ではオオクチバス、コクチバス、ブルーギル、チャネルキャットフィッシュ（アメリカナマズ）などがある。

　また環境省では最近になって、特に注意が必要な外来種として「生態系被害防止外来種リスト」を選定しており（平成28年10月時点）、それにはカテゴリ区分がある（一部省略）。

　A．総合対策外来種：防除、遺棄・導入、逸出防止等のため総合的に対策が必要
　　a．緊急対策外来種：対策の緊急性が高く、積極的に防除を行う必要がある
　　b．重点対策外来種：甚大な被害が予想されるため、対策の必要性が高い
　　c．その他の総合対策外来種：前2種以外
　B．総合管理外来種：適切な管理が必要な産業上重要な外来種
　C．定着予防外来種：定着を予防する外来種

　これらの外来種問題（言葉）は非常に分かりにくいものとなっているが、逆に言えば、生態系被害がいかに複雑で影響が大きいかを意味していると思われる。

2）八郎湖におけるオオクチバス問題

　秋田県でオオクチバスが最初に確認されたのは、1982年に秋田市内のため池である。そしてすぐ翌1983年には八郎湖でも確認され、1986年8月には稚魚が認められた。その後、1990年から八郎湖増殖漁協がオオクチバス漁獲量を把握するようになった（杉山, 2005）。漁獲量は1990年が460kg、1991年は60kgであったが、1992年には5.1

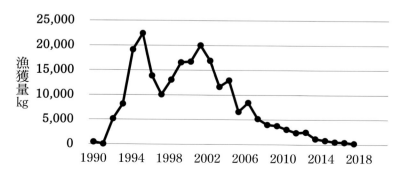

図1　八郎湖におけるオオクチバス漁獲量推移

トンと急増した。以降、1995年には22.4トンと最大を記録し、その後も10トン台であった。しかし、2004年以降は大きく減少し、最近は数トンとなり、直近の5年では1トン以下となっている（図1）。

20トンを超える漁獲量が、2000年前半以降は大きく減少し、最近のように数十分の1まで激減したのはなぜだろうか、いくつかの理由が考えられる。

写真1　雑さし網で獲れたオオクチバス

① **オオクチバス漁獲の中止**

1990年代は、漁獲したものは活魚で山梨県の西湖や河口湖、神奈川県の芦ノ湖などに輸送して販売していた。しかし2004年に外来生物法が制定され、オオクチバスの移動、販売が禁止になった。これまでオオクチバスは主として雑建て網や雑さし網で漁獲していたが、これが売れないことになり、漁師はこれらの多くを中止した。漁師にとっても、売れないものを漁獲しようとは思わないだろう。

実際、2002年には雑建て網33か統、雑さし網105か統があったが、2004年の外来法制定後の2007年には、それぞれ12か統および45か統まで大きく減少した（「か統」は網の数をいう単位）。すなわち、八郎湖のオオクチバス資源量に占める漁獲量が大きく変化したのである。

ただし、八郎湖全体のオオクチバス資源量については不明のままであるが、次のようにいくつかの理由により、以降は大きく状況が変化し、資源量自体も大きく減少した可能性があると推察される。

② **ヨシやマコモの消失**

オオクチバスはヨシやマコモの周辺の捨て石やブロックに産卵し、親魚は稚魚になるまで守っている。そこはサギ類やトビなどからの隠れ場所であり、また、大型のナマズやコイが卵や稚魚を捕食しにくい場所でもあった。しかし、20年ほど前までは散在していたヨシやマコモが消失し、そのまま現在に至っている。

写真2　大潟橋湖岸の風景

③　スズキとの競合

　スズキは4〜5月には稚魚が八郎湖内に大量に入り、そこで餌を食べながら急速に成長し、水温が下がる秋から冬にかけて海へ降りる。またスズキはオオクチバスと同様に魚食性であり、この両者には何らかの競合関係があると思われる。しかし湖内で混獲される当歳魚のスズキ（地元では「せいご」と呼ぶ）は30cm程度と小型で、食用としてほとんど流通しないため、その実態は把握されていない。

写真3　定置網に混獲された当歳魚のスズキ
　　（2017年10月17日潟上市塩口）

④　他の生物による卵や仔稚魚、未成魚の捕食

　オオクチバスの場合、産卵親魚は卵を礫に付着し仔稚魚は群をつくる。この時期、小型のハゼ類、大型のモクズガニ、大型のコイ、ナマズなどにより捕食される可能性が大きい。水深がきわめて浅い部分や礫の隙間に、小型のハゼ類であるヌマチチブやトウヨシノボリは比較的高い密度で生息することができる。このハゼ類にとってはオオクチバスが付着した卵や群れでいる仔魚は絶好の餌となる。また、保護する大型のオオクチバスでも、大型のモクズガニ、大型のコイ、ナマズなどはこれに対抗することはできず捕食されると思われる。

　このほかオオクチバスの現在の状況は、仔稚魚の初期餌料、捕食などの生物環境条件や、水質、水深の深浅などの物理環境条件などさまざまな要因が大きな変化を起こし、以降は低い水準が継続している状態であると思われる。

写真4　ヌマチチブ（馬場目川）

　逆に言えば、生物的環境的条件が変化すれば、オオクチバスの資源量は大きく変動する可能性があるということである。

（7） 八郎湖に繁殖したタウナギ

　タウナギは奇妙な魚である。ヘビのような色や形もそうだし、どこから来たのか突然出現することもそうだ。円筒形で尾の後端はとがり、鱗はなく、体表は粘液に覆われており、鰓ぶたはない。胸鰭と腹鰭もなく、背鰭で臀鰭、尾鰭はわずかに隆起してつながっている。

　しかしタウナギは東南アジア、中国南西部、朝鮮半島、インドネシア諸島など広く分布しており、各地で料理食材として重要である。一方国内では、本種は1900年頃に朝鮮半島から侵入し、現在は本州の関東、関西のほか四国、九州の一部に生息している（沖縄島に生息する個体群は在来である）（立原，2015）。

　秋田県内では1990年代から中・大型個体が数回確認されたことはあったが（写真1）、いずれも散発的で、稚魚は見つかっていなかったことから、県内では繁殖しないと思われていた（杉山，2012.，2013.）。このような中、地元の方から「奇妙な魚がいる」という情報があり、2016年8月から9月にかけて堤防に沿った幅2ｍ程度の水路、約300ｍの距離で調査した。水路は水深10～50cm、底質は泥でその深さは30cmからそれ以上もあり、流れはまったくなかった。表面にはミクリ等の抽水性植物やタヌキモ等の浮葉性植物が表面を覆い、水面がわずかに見える程度で、網を入れるとコカナダモ等の沈水性植物が着生・繁茂していた（写真2）。

　8月12日には表面に泡が認められる地点があり20尾が採捕された。8月16日には最小全長30.2mmの個体を含め34尾が採捕された。（写真3、表1）。その後も、その周辺でやや成長したものが認められた（写真4）。さらに2016年以降、2017年および2018年と継続して確認している（写真5、写真6）

　松本・岩田（1997）によれば、本種の雄は粘液に覆われた泡を吹いて、水面に円い浮き巣を作り、ふ化後の成長は8-9日で全長27-31mmになる。このような状況からすると、秋田県内においても繁殖している可能性がきわめて大きい

　本種の食性は、稚魚は動物性プランクトン、未成魚、成魚は水生昆虫、カエル、オタマジャクシ、小魚、エビ、ミミズ、イモリ類などで動かずにじっとしていて、近づいたところを飲み込む。また地元の話によれば「この魚がいるところにはドジョウはいない」とのことである。このようなことから、タウナギは周辺の生物に影響が大きいと推察され、今後とも監視することが必要である。

写真1　タウナギ 2008年8月　八郎湖に近い沼で確認　全長 35.8cm

写真2 タウナギ稚魚を確認した地点。水面には泡が浮いている（2016年8月12日）。

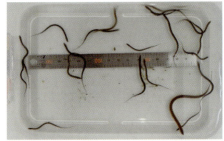

写真3 手網により採捕された稚魚（2016年8月12日）。

表1 タウナギの平均体長（2016年）

	8月12日	8月16日	9月4日
個体数	20	34	5
平均mm	57.2	36.6	66.0
最大mm	104.0	42.6	71.8
最小mm	39.0	30.2	61.3
標準偏差	13.91	2.79	4.61

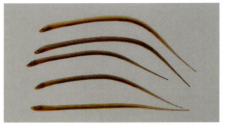

写真4 2016年9月4日 八郎潟町大川 全長61-72mm

写真5 2017年7月2日 全長82mm

写真6 2018年8月1日

(8) ワカサギとチカ －菅江真澄が見た魚

　八郎潟周辺にいる漁業者は、ワカサギのことを「ちか」、「つか」と呼んでいることが多い。中には、湖内にいるのがワカサギで、海に生息するのがチカで別種だと考えている人もいる。あるいは、八郎潟にいるのがワカサギで、北海道にいるのがチカであるとか、生息場所が違うだけで同種であるという人もいる。

　ワカサギとチカは同種か別種か。また別種であれば、昔も今も生息しているものはどちらなのかと質問されることがある。そういう時は冗談で、ワカサギは4文字、チカは2文字、冬は寒く口を動かさなくて良いようにワカサギを、短くチカと呼んでいる、と言うことにしている。

　実際にはワカサギとチカは別種で、体側の鱗数が異なっていたり、ウキブクロと食道とを結ぶ管が相違したりしている（表1，写真1，写真2）。また両種の分布は異なり、チカは北海道沿岸から太平洋側の沿岸に分布しており、八郎潟には生息していない。簡単な見方としては、背鰭と腹鰭との位置関係から両種の相違を見ることも出来る（但し，不明瞭な場合もある）。

表1　ワカサギとチカの呼び名

学名	*Hypomesus nipponensis*	*Hypomesus japonicus*
標準和名	ワカサギ	チカ
地方名	あまさぎ、ちか、つか、しらさぎ	ちか、ひめあじ、えぞわかさぎ
中国	池沼公魚	海公魚
英語	Fresh-water pond smelt, Pond smelt	Surf smelt, Silver smelt
分布・特徴	利根川と島根県以北の本州と北海道。海の内湾、湖沼、人工湖など。腹びれ起点は背びれ起点より前方にある	北海道沿岸から、陸奥湾、三陸海岸地方まで。東北地方の日本海側には分布しない。腹びれは起点は背びれ起点より後方にある

腹びれ起点は背びれ起点より前方

写真1　ワカサギの鰭の位置

腹びれ起点は背びれ起点より後方

写真2　チカの鰭の位置

では、八郎潟のワカサギのことをなぜ「ちか」と呼ぶのだろうか。このことは、菅江真澄(1754-1829)が書き残したものを見るとよくわかる(内田・宮本編, 1973)。彼は江戸時代後期に秋田県内のあらゆる場所を歩き、見て、文章を書き、絵を描いた人である。ここでは、その中の「ひおのむらぎみ」、「おがのあきかぜ」および「おがのさむかぜ」から、彼が八郎潟で見た魚の名前や絵について見てみよう(菅江真澄全集第4巻　未来社刊, 1973)。なお、これら内容に関しては男鹿市菅江真澄研究会代表の天野荘平氏に教示されたものです。

ちか：ワカサギのこと(写真3)。「地加てふさもの(狭物)あり、王加差耆とはことなれりか、淡海(近江)の小鮎のごとくさはなり」。すなわち「ちか(地加)という小さい魚(狭物)がいる。わかさぎ(王加差耆)とは異なるものか、琵琶湖のこあゆのようにたくさんいる」と述べている。

　また「魚は名吉のいと多かれど、けふは得もののあらざなれば、地嘉(ちかのこと)てふさもの多かる」ともある。すなわち「魚はみょうぎつ(ボラのこと)が大変多いが、今日は漁獲がなく、ちか(地嘉)という小さいものが多い」。

　こうやって見ると江戸時代、八郎潟ではワカサギを「ちか」と呼んでいたのだ(地加、地嘉は当て字)。このため、今でも「ちか」と呼ぶ人が少なくないのだろう。

写真3　ワカサギ(上3尾は当歳魚、下2尾は1歳魚)

なよし：ボラのこと。本文では「鯔」「名吉」としている。菅江真澄は、これを詳細に描いている(写真4)。

　ボラは驚いたりぶつかったりすると、大きくジャンプする。これを利用した漁法が張切網漁(はっきり)である(「男鹿の寒風」)。この漁法は、ボラは逃げながら内側に集まり、そこで衝立のような網にぶつかり大きく跳ね、そのまま真下に落ちる。そこに袋状の網が仕掛けられているという、実に良くボラの習性を利用したものだ。

写真4　菅江真澄「おがのさむかぜ」
　　　　(秋田県立博物館所蔵)

ボラは美味しく大変重要な魚で、たまにまとまって漁獲されることがあった。その際は、地元の漁師は大量に漁獲されたことに心から感謝して周辺に慰霊碑を設置した（写真5，写真6）。

写真5　ボラ

写真6　「ボラ塚」潟上市文化財指定（左は安政6年、中は大正7年、右は昭和26年建立）

しろめ：ボラのこと。現在も同様に使われている。「しろめ」は「なよし」と同様ボラのこと。

みょうぎつ：鯔の字に「なよし」、名吉の字を「みやうぎつ」と読ませており、ボラのことで、現在も「みょうげつ」と呼ぶ漁業者が少なくない。

たかのは：ヌマガレイのことで、現在も同様に使われている。名前は、鰭に黒く大きな縞があり、鷹の羽に似ていることによる。なお、カレイ類の眼は普通は右側にあるが、ヌマガレイでは眼が左側にある（写真7，写真8）。

写真7　ヌマガレイ左側（有眼側）　　　　　写真8　ヌマガレイ右側（無眼側）

せぐろ：ジュウサンウグイのことで、現在も「せぐろ」の名前は普通に使われている。背が黒色の意味。なお、これまではマルタとされていたが、2014年に鱗数や体型などの特徴からジュウサンウグイとマルタの2亜種に分類された。八郎潟に生息するのはジュウサンウグイである（写真9，写真10）。

写真9　左側面：ジュウサンウグイ

写真10　同個体背面（背側が黒い）

しろを、しろいを：シラウオのことで、現在も漁業者は普通に「しらや」と呼んでいる。特に、春季に海から遡上する大型のシラウオは「おおしろよ」と呼んでいた。なお、ハゼ科のシロウオは「しろよ」と呼んでいるが、漁獲することは少ない（写真11，写真12）。

写真11　シラウオ（遡上した雄）

写真12　シロウオ（遡上した雌）

あかふな、かものこ：ギンブナのことで、本文では「真鯽、白鮒あり、赤鮒は秋のもみぢ鮒、鴨の子は鯽の品劣れり。真鴨鮒といふあり、赤鯽につげり」（鯽と鮒は同じ）。もみぢふなや、品が劣れるかものこと呼ばれるふなとか、あかふなに次ぐ、まかもふななど、いくつものユニークな呼び名があり、またそれぞれ特徴があったようで、今と比べ、当時はいかに地元の人とフナとの関係が親しかったのかを考えさせられる（写真13，写真14）。

写真13　ギンブナの大型個体

写真14　ギンブナ（秋田市市民市場）

アカエイなど

　菅江真澄の「男鹿の秋風」では説明は無く、この絵だけを残している。この中央の漁師は、先端に3叉のモリを持ち、大型の魚を突く寸前で非常にスリリングな瞬間を描いている。また、この絵には3人の漁師が棒に立てたムシロを船に置いている状況

も詳細に描いているが、今となってはそれが何に使ったものか不明だ（写真15）。
　一方これとは別に、江戸時代末期の長山専蔵藤原盛晃の「雄鹿の夏嵐」という書では「アカヱ突」の文字が見える（写真16，17）。今でも男鹿半島周辺の砂浜では、10kgを超えるアカエイが定置網や地びき網で漁獲されており、大型のものは身が厚く、臭みが無くて非常に食べやすく、刺し身や煮付けにしている（写真18）。ただし、この絵に描かれている魚は鰭に大きな黒斑がありヌマガレイのように見える。このほか、張切り網（はっきり網）の中にはボラのような魚も入っている。水がきれいで底まで見え、さまざまな魚を漁獲していた頃の勇姿がまざまざと目に浮かぶ。

写真15　上段左：菅江真澄「男鹿の秋風」（秋田県立博物館所蔵）
写真16　上段右：長山専蔵藤原盛晃「雄鹿の夏嵐」（秋田県立図書館所蔵）
写真17　下段左：同上右「雄鹿の夏嵐」の拡大
写真18　下段右：アカエイ（漁獲された尾部切除個体）

（9） 八郎潟・八郎湖の食文化

　八郎潟・八郎湖には100種類を超える魚類がいて、そのほかエビ・カニ類、シジミ類など実に豊かな生き物がいた。この場所で漁業者が漁獲し、それを売る人（いさばや、ガンガン部隊などと呼ばれる流通者や卸売り業者）や食べ物として加工・料理する人がいて、最終的に、我々の食べ物となった。

　八郎潟の料理用の魚は、基本的にはフナ（ギンブナ）、ワカサギ、シラウオ、ハゼ類、ボラ、エビ等であった（「日本の食生活全集　秋田」編集委員会，1986）。本来は魚種ごとのレシピや料理を示すべきであるが、私自身があまり詳しくないので簡単に述べる（なお、写真番号は文章中には省略した）。

写真1　獲れたてのワカサギ（左）とシラウオ（右）
（獲れたての小型のワカサギやシラウオであれば、生でおいしく食べることができる。）

1）ワカサギ

① なます・酢みそあえ・吸い物：小型のワカサギ鮮魚に直接三杯酢をかける。鮮度のよいワカサギは酢味噌あえやなます（一晩、酢に入れる）にもする。漁師に言われ1尾丸ごと生で直接食べたが、臭みが無く非常に食べやすくて驚いたことがある。そのほか、地元では「あぶらちかのかやき（油チカの皿焼き）」と呼び、大型のワカサギをしょっつるで煮たり、だんごにして（ワカサギを丸ごとすり、だんご状にするにしたりする。）吸い物。

② つくだ煮：地元では「なまだき（生炊き）のわかさぎつくだ煮」と呼んでいるが、基本的には、生のワカサギ、醤油、砂糖を入れて煮るというもので、獲れたての鮮魚だから生炊きが可能だという。

③ 天ぷら・フライ・から揚げなど：ワカサギの天ぷら（かき揚げ）は、当歳魚（3～4月にふ化した1年以下の魚）がよく、フライにする場合は、ある程度大きくなる1歳魚（生まれてから丸1年以上経ち、2年以下の魚）がよい。そのほか、から揚げやマリネなどもある。天ぷらは丼物にして「わかさぎ天丼」とするとよく合うし、マリネは焼いたパンに乗せるとうまい。いずれもワカサギの鮮度が良ければ、確実に美味しいものができあがる。

写真2　ワカサギのなます（左）、団子の吸い物（中）、わかさぎ焼き（右）

写真3　つくだ煮は家々で作り方が違う

写真4　から揚げ（左）、マリネ当歳魚（中）、マリネ1歳魚（右）

④　加工品・土産品

　現在、秋田県佃煮会に属する業者は9社で、会が設立した1957（昭和32）年は15社であった（同会パンフレットによる）。つくだ煮業者のパンフレットには、わかさぎの味噌煮、わかさぎの鶏がら煮、公魚（わかさぎ）ほぐし、わかさぎフリットジェノバ風、わかさぎフリットハニーマスタード仕立てなど驚くようなものもある。最近は「からっと揚げ」が好まれているようだ。

写真5　地元の加工業者が販売している加工品

２）シラウオ

　一般的なのはそのまま食べる刺し身である。しかし家によって、卵を入れたり、長芋を入れたりするなど、その食べ方は異なっている。そのほか、天ぷら、卵とじなどもあるが、高価なのでつくることは少ない。

写真6　シラウオの刺し身・山芋(左) シラウオの刺身・ウズラの卵(中)　　写真7　シラウオの卵とじ（右）

３）ギンブナ

　櫻庭長治郎元八郎湖増殖漁協長（故人）は、「八郎潟では"水１升に、魚４合"の言葉があり、実際にそれだけのフナがいた」と言っていた。専業漁師の櫻庭新之助さん（83歳）に聞いても、「家で普通に食べる魚はフナであり、八郎潟を代表する魚はフナだ」と言い、写真を見せてくれた。

　フナにはギンブナ（在来）とゲンゴロウブナ（移殖）との２種がいるが、食用に使用するはギンブナだけである。地元の人は必ず、フナ類はマブナ（在来）でなければダメだ、ヘラブナ（ゲンゴロウブナ）は水っぽ

写真8　フナのさし網

くて食べられないという。実際、水温が低くなると五城目町の市場や秋田駅前の市民市場には大型のギンブナだけが売られている。

　代表するフナ料理は「かやき」である。「かやき」とは貝焼きのことで、ホタテ貝の殻を利用して煮たもののことだ。鍋のみそ汁に素焼きのフナを入れ、煮ながら食べると濃い出汁が出るという。フナは小骨が多いので背側は大人が食べ、子供は食べやすいように腹側を食べていたという。特に卵を持った大型のフナは、焼いてかやきにしたり、酢味噌で焼いたりした思い出を持っている人が多い。同じフナでも、八郎潟のものは広い水面で大きく回遊しているので味は水路にいるものと全く違う、という。実際、漁師が定置網で獲ったものを食べると、泥臭さも、生臭さも全くないことに驚く。

写真9　漁獲されたギンブナ

大型のフナの酢味噌焼きは甘く、香りも素晴らしい。また、素焼きにしてから出汁に入れる吸い物は驚くほど上品な味わいだ。身を細く切って酢であえる「なます」は祝いごとの必須だったという。当歳の小型のものは甘露煮にするが、最近は小型のフナ自体が少なく、非常に高価である。ふなの雀焼きもあるが、家庭で普通には食べないという。それは、小型のものがなくなったし、背開きで揚げ醤油に漬けるなど非常に面倒だからだという。

① **フナ貝焼き（かやき）**
　作り方を何人かに聞くと、やり方がすべて異なっている。ここでは五城目町出身の友人から聞いた方法でつくってみた。
　すりこぎ棒などでフナの頭を叩き、動かなくなったら鱗を取り、胸鰭の下あたりに3cm程度の切れ込みを入れ、胆嚢（ニガ玉）だけを潰さないように取り出す。処理したフナは切り込みを入れ素焼きにし、表面に焼き色がつく程度に両面を焼く。鍋に焼いたフナを入れ、味噌で味を付ける。ゼンマイは必須で、これを「フナのジュンメかやき」と呼んでいる。

写真10　フナのかやき

写真11　フナのジュンメかやき

写真12　酢味噌焼き

写真13　フナの塩焼き

写真14　フナの味噌煮

写真15　フナの吸い物

写真16　フナの甘露煮
　　　　（秋田市民市場）

写真17　フナの甘露煮
　　　　（漁師自家製）

写真18　フナのすずめ焼き

② 酢味噌焼き

　フナは鱗と内臓を除くが、卵巣はそのまま残しておく。フナの表面に切れ込みを数本入れる。酢と味噌を合わせ、切れ込みと腹部に酢味噌を入れる。酢味噌を使わずに塩を振ってから焼く塩焼きもある。

４）ハゼ類

　地元ではマハゼのことはグンジと呼び、天ぷらにしたり甘露煮にしたり、干して出汁をとったりするが、量的には少ない。普通はゴリと呼ばれるウキゴリやヌマチチブなど小型のハゼ類を味噌煮にする。そのほかジュズカケハゼは特別な魚である。雌は冬季から春季にかけて婚姻色である黄色の太い帯が数珠（じゅず）のように出て、粘液も多い。このため納豆をイメージしてから、「なっとうごり」と呼んでいるが、生臭さはまったくなく、味噌煮にしたり塩蒸し（表面に塩を軽く振り、少量の水を入れてゆでた後、ざるに拡げて冷やす）にしたりする。大変美味しい魚であるが、近年は激減しており入手するのが難しくなってきている。

写真19　秋田市民市場2017年10月（左）、ごりの味噌煮（中）、ごりの味噌蒸し（右）

５）その他

① コイ

　古くからの漁師に聞くと、かつてはコイは食べたことがなかったという。しかし、昭和40年代にコイ養殖が行われるようになり、生け簀養殖の網が破れたり逃げたりしてから普通に見られるようになったようだ。その頃、甘煮やコイこく、あらいなどの料理方法も県外から入ってきたものだといわれている。

　現在は普通に食べられており、「あの奥さんの甘煮は別格だ」とか「大型のコイのはらす（腹部側）を刺し身にするとマグロのトロよりうまい」などと聞くことがある。また、結婚式のお膳には「嫁にこい」とコイの甘煮が出ることも多い。「たたき」は名前のとおり頭や中骨を味噌、ニンニク、ショウガなどとともにナタの背でたたくが、家でやった時は大量に出来てしまい困ったこともあった。

写真20　コイの甘煮
（内臓と鱗は必須）

84

② ドジョウ

　ドジョウは湖内で漁獲されることは少なく、水田の水路で専門の人が漁獲し、それを直接、卸業者に売ることがほとんどだ。卸業者は大きさごとに選別し、多くは他県に出荷している。地元では、以前はドジョウをたたき、団子にして吸い物にしたこともあったという。また、スーパーに活魚として置いていたり、地元の加工業者がから揚げにしたりしている。

写真21　ドジョウのから揚げ

③ ウナギ

　ウナギのサイズはばらばらなので、利用方法も異なっている。1kg以上の大型のものは開いて焼くが、普通は、ぶつ切りにして醤油に砂糖を入れて煮る。蒲焼きは時間がかかり面倒なので、家庭ではあまりつくらない。大型のものを開いて食べたが皮が非常に堅かった記憶がある。小型のものはぶつ切りにすると驚くほどおいしい。ウナギは非常に高価で1尾でも売れるので、漁業者にとっては自宅で普通に食べることは無いようである。

④ ナマズ

　普通は頭をとって3枚に開いたり、ぶつ切りにして煮たりするが、大きなものでも想像以上に肉が少ないことに驚く。産卵期の6月頃には建て網でまとまって漁獲されるが、最近は食べる人が少なく、多くは再放流されているようだ。

⑤ ボラ・メナダ

　ボラは食用にするが、メナダは食べないことが多い。実際、ボラは白目、メナダは赤目と呼び名がきっちりと分けられており、周辺の市場ではメナダは荷受けしないことが多い。

　冬季のボラは脂がのっており、皮をひいて刺し身にすると見た目も美しい。

写真22　ボラ刺し身（男鹿産）

⑥ スズキ

　スズキは冬季に沿岸で産卵し、春季に5cm程度で湖内に入る。それが秋季になると成長し30cm程度になる。最近、湖内ではこのサイズのものが多く漁獲されるようになり、漁業者は塩焼きや刺し身にする。

写真23　スズキの塩焼き
2018年9月（湖内の定置網）

85

⑦　スジエビ

　スジエビは塩蒸にしたり、から揚げにしたりする。特に大型のものは鮮やかな色彩になり、風味もよく美味しいので好まれている。漁業者によれば、専業に漁獲することはなく混獲する程度だが、年により漁獲量が大きく変動しており、たまに驚くほど多く獲れることもあるという。

　なお、佃煮として流通しているものや、居酒屋で出ているから揚げの多くはテナガエビなど外国産を含め県外から入っているものがほとんどだ。

写真24　上段：ハゼの塩蒸し，
　　　　下段：エビの塩蒸し

⑧　イサザアミ

　「いしゃじゃ」はニホンイサザアミの塩辛で、本当に塩っぱい。ご飯の上や蒸したジャガイモに乗せたりするが、豆腐の冷や奴に乗せて食べるのもよい。夏期には、鯨のベーコンとナスにイシャジャを入れた鍋が大好きという人も少なくない。この他、野菜を煮るのに醤油ではなく、いしゃじゃを使ったりもする。もちろん、醤油と砂糖でつくだ煮をつくることもある。

写真25　五城目町市場

写真26　潟上市道の駅
　　　　（冷蔵庫内）

⑨　モクズガニ

　地元の漁業者はモクズガニを食べることは少ないが、流入河川の馬場目川や三種川では食べ方を知る人も少なくないようだ。雄物川や子吉川では漁獲する人も多く、市場にも出ている。このため、八郎湖のモクズガニは流通業者に販売することもあるが、それも定置網の混獲程度である。

写真27　塩ゆで（左），

写真28　大型雄
（はさみには毛が付く）

写真29　甲羅の味噌焼き

⑩ ヤマトシジミとタニシ類

　現在、地元のヤマトシジミを食べることは不可能であるが、スーパーに行けば、他県のものからロシア産まで様々なものを見ることが出来る。友人からヤマトシジミの思い出を聞くと、干拓前、泳いだ後帰る途中、晩のみそ汁用にいくらでも獲りたいだけとることができ、シジミは本来買う物ではないと思っていたという。またヤマトシジミが大量に漁獲された1990年の頃、特別な漁具を使わず足や手でとるには一般の人でも問題が無いので、地元の老若男女が驚くほどたくさんとっていた。その頃は、食べることよりとること自体が楽しかったという。

　カラスガイやイシガイなどの二枚貝も食べていた。カラスガイは大型で殻ごと十分に煮たら、肉の部分だけ取り出して味噌で煮付けにしていたという。イシガイはシジミ貝に混じっているので、殻ごと煮て中身だけをとり佃煮のように煮ていたという。それら二枚貝自体が減り、また特にこれを食べたいと思わないらしく、最近は食べる人もほとんどいなくなったようだ。

　タニシ類は、殻を割った中身だけにしたものを売っていることもある。味噌煮で食べるが、今は昔の思い出の一つになりつつある。

写真30　シジミ類東京都産

写真31　シジミ類アムール河産

写真32　カラスガイ

写真33　イシガイ

写真34　タニシ類
（殻を割り肉部分だけを販売している）

⑪ オオクチバス

　外来魚であるオオクチバスの料理は本来の食文化ではないが、オオクチバスは積極的に食べたいものだ。釣ったものの再放流は絶対にやってはならない。その意味で、釣ったら食べることが当たり前で、再放流をすることは非常に恥ずかしいことだ。

　それさておき、オオクチバスは大変美味しい魚だ。以前、オオクチバスの様々

な料理を作る催しを行ったことがあった。フライやから揚げ、ソテーなど油を使用した料理が好きな人は多かったが、友人は煮付けがもっとも美味しかったと言っていた。いずれにしても白身で脂がのっているので、さまざまな料理に合うのは間違いない。

　料理の写真は、八郎潟調整池や東部承水路で行っているバス駆除活動の後に参加者と共に食べた料理である。

写真35　網に入ったオオクチバス

写真36　から揚げの甘酢あんかけ

写真37　バス・バーガー

写真38　カレー味のから揚げ（左）、ガーリック味のから揚げ（中）、醤油に漬けた和風のから揚げ（右）

写真39　カレー味から揚げ（左）、フライ（中）、から揚げの中華風（右）

5．報告書

潟上市における八郎潟魚類標本

　八郎潟の残存水域は、富栄養化、アオコの発生、外来魚による被害など多くの問題を抱えている。このような中にあって、魚類相の把握はもっとも基本的な資料であり、特に、実際の標本はきわめて重要である。すなわち、実際の標本の存在により、分類による見直しや検討の際に証拠を提示することが可能だからだ。

　国内外において多くの資料や標本が散逸している中で、潟上市は市内の小学校で保管している八郎潟に生息する魚類標本をNPO法人秋田水生生物保全協会に依頼し整理を行った。この標本の一部は破損や乾燥状態にあったが、新たに、標本の分類・同定、写真撮影、標本瓶および標本液の交換などを実施した。この標本はきわめて重要であることから、その概要について述べる。

結果と考察
１）概要

① 今回確認された標本総数は81個体で、その内訳は28科43種であった（表１）。

② 標本のうち、もっとも古いものはニホンウナギ1956年7月6日で、もっとも新しいものはワカサギ1970年10月28日であった。すなわち、この標本の収集期間は延べ15年間に及ぶ。

③ 1955年から1970年まで5年ごとの標本数は、1970年のものが41個体ともっとも多く、以下、1960〜1964年27個体、1965〜1969年12個体であった（図１）。

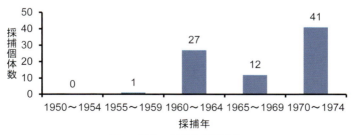

図１　標本の採捕年別個体数

＊この内容は、秋田水生生物保全協会が潟上市に提出した報告書の一部を修正したものである。調査に当たり協力していただいた関係者および潟上市の方々にお礼を申し上げします。

④　採捕地点は、船越水道、大久保、鵜川、浜口、小深見のほか湖岸（詳細は不明）、湖心など、16地点に及んでいた。その中では特に、湖岸部および湖心部がそれぞれ25標本、17標本と卓越していた。

⑤　環境省レッドリスト該当種は11種24標本で、県レッドリスト該当種は7種13標本であった。標本総数のうち環境省レッドリストに占める割合は、種では25.6％（11種/43種）、標本では29.6％（24標本/81標本）と高い値を占めた（表1）。

⑥　外来種では、外国産外来種が1種3標本（カムルチー）、国内産の外来魚類種で2種2標本（ゲンゴロウブナ、ビワヒガイ）であった（表1）。

2）特徴
①八郎潟沿岸魚類の生息場所の移動
　スナヤツメの場合、現在は馬場目川などの流入河川のみに分布しているが、1970年6月4日に鯉川で1個体が確認されている。同様に、アブラハヤ、シマドジョウおよびギバチにおいても、当時は湖岸で認められていたが、現在は、馬場目川など河川部で認められているだけである。これらの魚種は清澄な砂礫に生息することから、当時は湖岸に生息することが可能であったが、現在は河川に移動したものと推察される。これらの魚種は環境を回復する際の指標種としても大きな意味を持っており、今回の結果は興味深い。

②　レッドリストに該当する多くの魚種
　環境省（2018）レッドリストのうち、絶滅危惧の該当種（絶滅危惧IA類とIB類および 絶滅危惧II類）は、スナヤツメ、ウナギ、キタノアカヒレタビラ、ギバチ、カマキリであった。この中で、最近、マスコミで大きく取り上げられるようになった絶滅危惧のニホンウナギは、約1mの大きなものと20cmの小型の標本があり、各サイズが生息していたことが興味深い（ニホンウナギについては放流個体の可能性がある）。
　キタノアカヒレタビラは、49mmと61mmという大型の個体がそれぞれ1962年と1970年の標本に認められた。タナゴ類は淡水性2枚貝に産卵することが知られているが、二枚貝類の減少がタナゴ類の減少要因の一つとなっている。標本に本種が確認されたことは、産卵可能に必要な2枚貝が存在していたことを意味しており貴重であると言える。
　そのほか、準絶滅危惧（NT）および絶滅のおそれのある地域個体群（LP）も認められており、当時の八郎潟の豊かな環境を示す証拠の一つであると推察される。レッドリストに該当するようになった魚種は少なくないが、減少原因は単純

なものではなく、水質や底質、富栄養化、オオクチバスの影響、水草の減少など多くの理由が推察される。現存の標本はこのような魚種が存在したことを証明するものとしてきわめて貴重である。

③　海水魚類が湖内に進入

コノシロ、カタクチイワシ、ギンポ、アゴハゼ、ヌマガレイ、クサフグなどは海水に生息しており、現在は防潮水門から下流部の船越水道のみで普通に確認されている。今回、これらの種は防潮水門設置後にもかかわらず、湖内まで進入していたことが標本から証明された。このことは、その経路を含め、非常に興味深い。

なお、1970年5月20日に塩口で採捕された、ニシン科魚類の標本2個体がある。同標本は一部が破損しており壊れやすい状態で、詳細な調査はできていないが、ニシンである可能性が高く、今後、詳細な分析が必要である（写真3）。

④　外来魚問題

本来、地域に生息していないものを外来種と呼び、国内外において大きな問題となっている。現在は外来生物法（特定外来生物による生態系等に係る被害の防止に関する法律）において厳しく管理されている。本来そこにいなかった外来魚のうち、国外産が新たに生息するようになったものが外国産外来魚で、今回の標本の中で、中国・朝鮮半島産であるカムルチーが認められた。カムルチーは危険外来生物となっているが、今回、標本の中に1963年から1968年にかけて大小3標本が存在した。本種は1959年頃から湖内で認められた魚種で、外来魚としては比較的早い時期の一つである。

国内に生息する魚類で、八郎潟で新たに確認されたもの（国内産外来魚）としてゲンゴロウブナ、ビワヒガイがある。現在はこれらのほか、オイカワ、モツゴ、タモロコなど多くの魚種も確認されている。

外来魚は、漁業や生態系に対してきわめて影響が大きい。カムルチーの場合は1959年頃から認められ、オオクチバスの場合は1983年から東部承水路で確認され、1995年には20トンを超えるに至った。八郎湖の生物多様性を保全し永続的な利用を考える上で、外来魚の駆除は大きな課題であり（杉山，2005）、標本の中に外来魚が認められたことは、外来魚問題を広く知らしめる意味でも重要である。

⑤　産業対象

八郎湖における重要魚種であるワカサギおよびシラウオの標本が残されている。この両者は、資源量と成長が反比例の関係にあり、基本的には、密度が高い年は成長が遅く、成長が大きくなる年は資源量が少ない。この関係は毎年のデータが蓄積されることによって初めて証明が可能となるが、八郎潟では過去の資料

91

はほとんどない。このような中にあって、資源的な分析においても、この標本は
きわめて重要である。

3）今後の課題

　現在は、八郎湖にオオクチバスが侵入し定着したことにより、湖内における多様性
が大きく低下したことが報告されている（杉山，2005）。また、温暖化と関連して東
北地方の淡水魚類についても大きく影響していると推察されるが（杉山，2006）、こ
の標本結果は、魚類相は動的なものであり魚類相調査が必要であることを示している。
また、魚類相を正確に把握するためには、魚類の生活と環境との関係を理解しなけれ
ばならない。さらには、漁業および管理の実態に基づき、モニタリング調査を実施し
なければとならない。重要種であるシラウオの生態やワカサギの資源変動の実態など
も不明のままである。

　このような中にあって、潟上市において81個体の標本が存在していることは非常
に価値があることであり、これを保存してきた地域住民の方々にはきわめて高く評価
するとともに、これら標本を確実に継承していただきたいと願う。

　なお、標本はホルマリン液漬であったが（一部はガラス瓶が破損していたり、内側
が乾燥状態であった）、今回の調査ではすべてアルコールに替えた。

秋田県潟上市所蔵の魚類標本

スナヤツメ類
1970年6月4日　鵜川　体長151mm

キタノアカヒレタビラ
1970年6月5日　鹿渡　体長61mm

ニホンウナギ
1956年7月6日　湖岸　体長182mm

アブラハヤ
1970年3月22日　潟端　体長40mm

ニシン科
1970年5月20日　塩口　体長上29mm　下29mm

ジュウサンウグイ
1968年4月19日　潟端沖　体長219mm

カタクチイワシ
1970年9月10日　体長104mm

ウグイ
1968年4月19日　潟端沖　1970年3月6日　体長103mm

ギンブナ
1968年5月10日　大久保　体長267mm

ビワヒガイ
1970年5月12日　大久保　体長87mm

ドジョウ
1970年6月8日　小深見　体長78mm．73mm

ヒガシシマドジョウ
1970年7月28日　鹿渡　体長73mm．73mm

ギバチ
1970年7月29日　野石　体長108mm

ワカサギ
1970年10月28日　一日市　体長109mm

アユ
1962年5月10日　船越水道　体長81mm

シラウオ
1970年3月29日　一日市　体長71mm

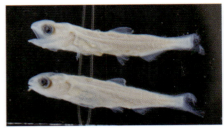
サケ
1970年7月9日　湖岸　体長51mm，51mm

トミヨ属淡水型
1970年7月9日　湖岸　体長41mm

クルメサヨリ
1962年8月26日　湖心　体長108〜110m

シマイサキ
1970年9月19日　湖岸　体長32mm

ギンポ
1970年5月5日　塩口　体長139mm

カムルチー
1970年9月11日　湖岸　体長66mm

カマキリ
1970年3月6日　大川　体長33mm

ジュズカケハゼ
1970年7月9日　乾燥状態　湖岸

マハゼ
1968年1月13日　湖岸　体長200mm

ウキゴリ
1970年6月7日　湖岸　体長119mm

アシシロハゼ
1970年6月2日　浜口　体長56mm

ヌマチチブ
1962年6月20日　湖岸　体長72mm．

クサフグ
1970年9月22日　湖心　体長71mm

95

表1　標本台帳

標本番号	科　　名	標準和名	採捕年月日	採　捕　場　所	レッドリスト 環境省 2018	レッドリスト 秋田県 2016
1	ヤツメウナギ科	スナヤツメ類	1970/6/4	鵜川	VU	VU
2-3	ウナギ科	ニホンウナギ	1956/7/6	湖岸部. 1970/6/12, 湖岸の沼.	EN	DD
4	ニシン科	コノシロ	1968/5/15	一日市沖		
5-6	ニシン科		1970/5/20	塩口. 同左1個体.		
7-8	カタクチイワシ科	カタクチイワシ	1962/10/2	湖心部. 1970/9/10, 湖心部.		
9	コイ科	コイ	1968/2/16	一日市沖		
10		ゲンゴロウブナ	1968/5/4	鵜川沖		
11-12		ギンブナ	1968/5/10	宮沢沖. 1968/5/12, 大久保沖		
13-14		キタノアカヒレタビラ	1962/7/11	湖岸. 1970/6/5, 鹿渡	EN	EN
15		アブラハヤ	1970/3/22	潟端		
16-17		ジュウサンウグイ	1968/4/19	潟端沖. 1970/5/24, 湖心部.	LP	VU
18-19		ウグイ	1962/6/4	湖岸. 1970/2/1, 鵜川.		
20		ビワヒガイ	1970/5/12	大久保		
21	ドジョウ科	ドジョウ	1970/6/8	小深見	NT	DD
22		ヒガシシマドジョウ	1970/2/28	鹿渡		
23	ギギ科	ギバチ	1970/7/29	野石	VU	VU
24	ナマズ科	ナマズ	1968/5/17	小深見沖		DD
25-26	キュウリウオ科	ワカサギ	1962/7/16	湖心部. 1970/10/28, 一日市.		
27-28	アユ科	アユ	1962/5/10	船越水道. 1970/5/18, 大久保.		
29-33	シラウオ科	シラウオ	1962/12/2	東北部. 同左3個体. 1970/3/29, 一日市沖.		N
34	サケ科	サケ	1970/5/1	大川. 同左4個体.		
35-36	トゲウオ科	ニホンイトヨ	1962/8/26	湖心部. 1970/6/2, 湖心部.	LP	CR
37-40		トミヨ属淡水型	1962/4/25	湖岸. 1962/8/26, 湖岸2個体. 1970/6/2, 湖岸.	LP	VU
41-43	ボラ科	メナダ	1962/12/27	湖岸. 1970/7/9, 湖岸2個体.		
44-47	サヨリ科	クルメサヨリ	1962/12/27	湖岸. 1967/10/22, 大久保沖. 1970/3/6, 大川. 1970/8/28, 船越.	NT	DD
48	コチ科	マゴチ	1962/7/1	湖心部		
49-50	スズキ科	スズキ	1970/8/11	塩口. 1970/9/19, 湖岸.		
51	イサキ科	コショウダイ	1970/10/3	湖心部		
52	タイ科	クロダイ	1962/9/20	湖心部		
53	キス科	シロギス	1969/8/1	湖心部		
54	シマイサキ科	シマイサキ	1970/8/10	湖心部		
55	ニシキギンポ科	ギンポ	1962/6/19	湖岸		
56	カジカ科	カマキリ	1970/5/5	塩口	VU	EN
57-61	ハゼ科	マハゼ	1962/7/11	湖岸. 1970/6/7, 湖岸. 1970/6/17, 潟端. 1970/8/2, 野石. 同1個体.		
62-63		アシシロハゼ	1962/7/11	湖岸. 同1個体		
64-65		ヌマチチブ	1962/8/26	湖心部. 1968/1/13, 大久保沖		
66-69		ジュズカケハゼ	1970/6/2	浜口. 1970/7/9, 湖岸3個体.	NT	N
70-71		アゴハゼ	1962/5/25	湖岸. 1970/6/7, 湖岸. 1970/6/17, 潟端.		
72		ウキゴリ	1962/6/20	湖岸		
73-75	タイワンドジョウ科	カムルチー	1963/5/26	湖岸部. 1968/5/16, 南部.		
76-78	カレイ科	ヌマガレイ	1962/3/26	湖心部. 1967/12/19, 大久保沖. 1970/7/2, 湖岸.		
79	ウシノシタ科	クロウシノシタ	1970/8/9	船越		
80-81	フグ科	クサフグ	1962/6/18	湖岸. 1970/9/22, 湖心部.		
	28科	43種(81標本)			11種 (24標本)	13種 (13標本)

＊魚類の順番は標本台帳に使用した番号に従った。

＊レッドリストは環境省レッドリスト（2018）および秋田県版レッドデータブック2016（秋田県，2016）に基づいた。

八郎潟の干拓に伴う漁業資源の変遷

The changes of Fisheries by Reclamation in Lake Hachirogata, Akita prefecture, Japan

1．はじめに

八郎潟は，東西12km，南北27km，周囲82km，総面積22,074haで，最大水深4.5m，平均水深3m，平均潮位差50cmの琵琶湖に次ぐ日本第2の海跡湖であった[1]。この潟は人間にとっては様々な利用方法があり，水産資源や水資源の対象のほか，干拓して耕地とする考えもあった。結果として最後者である干拓事業が1957年から始まり，1959年には海水の流入を防ぐため海面との水道部をショートカットし，1961に防潮水門が造成された。これにより海が遮断され，汽水湖からその内側は淡水湖となり農業用水となった。残された水面は「馬場目川水系馬場目川（2級河川）」となったが，現在は一般には八郎湖と呼ばれるようになった。それでも約5分の1に相当する4,821haが残り，そこには魚類，甲殻類，軟体類など多くの水生生物が変化しながらも昔も今も生息している。

本報告ではこれら水生生物を漁業資源の立場から，八郎潟干拓に伴う魚類相の変遷，漁獲量の推移，漁業者の動向および課題について述べる。

2．魚類相

干拓前の八郎潟から干拓後の現在までの魚類相についてはいくつかの報告があり，これまでに115種類が記録されている[3]～[5]。現在の魚類の生息場所としての八郎湖は，その生息環境から大きく3区分に分けることができる。海面から防潮水門までは主として淡水と海水が混じり合う汽水域の船越水道（水道），淡水域で止水的な性格を持つ調整池とこれに付随する承水路(湖内)，そして馬場目川など湖内に入る流入河川(河川）である。この区分ごとの魚種は，水道97種，湖内52種，河川49種である。

2．1分布

(1) 水道：ミミズハゼ，ヒモハゼ，チクゼンハゼ，ビリンゴなどのハゼ科魚類は，基本的には汽水域に産卵し，生息・定着している。またこの汽水域には比較的多く出現するものとしてクロソイ，マゴチ，マハゼ，ヌマガレイなどがあり，コノシロ，スズキ，ボラなどは稚魚および幼魚の生息場として重要である。このほか，アカエイ，マサバ，ホッケ，ブリ，マアジなど偶発的に出現する海水魚も少なくない。

(2) 湖内：淡水域であることから，産卵・生育・定着するコイ科魚類の多くのほ

---

*水環境学会誌　39（7），234-237

か，ワカサギ，シラウオ，ジュズカケハゼ広域分布種などが認められる。一方，防潮水門に設置されている魚道や水門を通過して一時的に湖内に入るものにスズキ，ヒイラギ，ボラ，メナダ，アシシロハゼなどがある。また，防潮水門から湖内を通り流入河川に遡上する途中のカワヤツメ，サケ，サクラマス，アユなどが認められる。これらの魚種は河川で産卵後にふ化し，湖内から水道に降下し，海域へと移動する。

(3) 河川：一生を河川で生活するものとしてエゾウグイ，アブラハヤ，ギバチ，シマドジョウ，カジカ大卵型などがある。そのほか，河川で産卵するものとしてカワヤツメ，ウグイ，アユ，サケ，サクラマスなどがある。馬場目川の上流域にはイワナ，ヤマメおよびニジマスが繁殖している。

2．2 生活型

八郎湖に生息する魚種について，海と川との関係により大きく3区分にすることができる[6]（表1）。

(1) 純淡水魚：一生を淡水で生活する純淡水魚のうち，塩分耐性がなく海水で生息できないもの（1次淡水魚）としてコイ，ギンブナ，ヤリタナゴなどのコイ科魚類，ドジョウ，ギバチなどがある。一時的に海水で生息可能なもの（2次淡水魚）にメダカがある。海と淡水を回遊していたが淡水域で一生を生活するようになったもの（陸封性淡水魚）としてトミヨ属淡水型，カジカ大卵型がある。

(2) 通し回遊魚：産卵のために淡水から海に降海するもの（降下回遊魚）としてウナギ，カマキリがある。海から淡水に産卵のために遡上するもの（遡河回遊魚）にカワヤツメ，サケ，イトヨ，シロウオがある。海と淡水を往復するもの（両側回遊魚）にアユ，ウキゴリ，シマヨシノボリなどがある。なお，ワカサギとシラウオについては，両側回遊と湖内で一生を生活するものとが推察されるが，生態的，遺伝的に不明なことが多い。

(3) 周縁性淡水魚

汽水域まで生息するもの（汽水性淡水魚）でスズキ，ボラ，メナダ，マハゼなどがある。偶発的に確認されるもの（偶発性淡水魚）としてダイナンウミヘ

表1　八郎湖に生息する淡水魚の生態的グループ分け

区　分		種　名
純耐水魚	1次淡水魚 ………	コイ，ギンブナ，ヤリタナゴ，ドジョウ
	2次淡水魚 ………	メダカ
	陸封性淡水魚 ………	トミヨ属淡水型，カジカ大卵型
通し回遊魚	降下回遊魚 ………	ウナギ，カマキリ
	遡河回遊魚 ………	カワヤツメ，サケ，イトヨ，シロウオ
	両側回遊魚 ………	アユ，ウキゴリ
周縁性淡水魚	汽水性淡水魚 ………	スズキ，ボラ，メナダ，マハゼ
	偶来性淡水魚 ………	ダイナンウミヘビ，ブリ，マサバ

ビ，ハナオコゼ，ブリ，マサバなど多くの魚種が認められている。

2.3 外来魚

　国内産で八郎湖には分布していない魚種であるが，何らかの理由により八郎湖で確認されたもの（国内産外来魚）としてゲンゴロウブナ，オイカワ，モツゴ，ビワヒガイ，タモロコおよびタウナギがある。これらのうちモツゴは，秋田県内では1977年に雄物川水系で確認され，現在は八郎湖および周辺の河川，ため池など多くの水域に生息されている[7]。

　国外魚種が八郎湖に移植されるようになったもの（外国産外来魚）のうち，中国産はタイリクバラタナゴ，ハクレンおよびソウギョで，カムルチーは中国・朝鮮半島産，ニジマスおよびオオクチバスは米国産である。

　ソウギョは除草目的に1973年から，ハクレンは1976年から湖内の植物プランクトンを利用するために秋田県が放流していた。しかしこの両種は産卵せず現在は放流していないことから，徐々に減少すると推察される。

　オオクチバスは，秋田県では1982年に秋田市内のため池で確認され，翌1983年には八郎湖で生息が確認された[8]。オオクチバスの漁獲量データとしては，1990年の460kgからである。その後，1992年5.1トンと急増し，1995年には22.4トンと最大を記録した。その後も10トン台であったが，2004年以降は大きく減少し，最近は数トンとなっている。これは単純に本種資源量が減少したためではなく，これまでは雑さし網で漁獲し，山梨県や神奈川県などに遊漁目的で運搬・販売していたが，2005年に外来生物法が制定され，活魚販売が不可能になったからである。本種の侵入により直接的影響としてはフナ類やハゼ類の漁獲量の減少があり，二次的被害として遊漁船による漁具の切断などがあり，依然として漁業や生態系へのきわめて大きな影響が続いている。

2.4 干拓により姿を消した魚種

　干拓前は生息していたが干拓後は確認されていない魚種として，シナイモツゴおよびゼニタナゴがある。この両魚種は詳細な経緯は不明であるが，普通に生息していた魚種がいつの間にか絶滅したと推察される。

　八郎潟内部にも生息していたが，干拓後は流入河川でのみ確認される魚種として，アブラハヤ，シマドジョウ，ギバチ，カジカ大卵型があげられる。これらの魚種は，比較的清澄な場所や底質が砂礫の場所を好むなどの特徴があり，現在の八郎湖内には生息に適した場所がないため，河川に移動したと推察される。

　最近，生息個体数が大きく減少した魚種として，カワヤツメ，アカヒレタビラ，ヤリタナゴ，ニホンイトヨ，トミヨ属淡水型，メダカなどがあげられる。これらの魚種の減少原因として，水質や底質の変化，オオクチバスなどの外来魚による影響が推察される。

3．漁業資源

　魚種別漁獲量は1950年から直近の2015年までの記録がある[9]。1957年12月に八郎潟干拓漁業補償が妥結したが、「水産資源を採捕する業」としての漁業は継続され、1965年には「八郎湖における水産資源の保護培養、漁業取締りその他漁業調整を図り、あわせて漁業秩序の確立を期することを目的とする」秋田県八郎湖漁業調整規則が制定され、八郎湖増殖漁業協同組合が知事許可により採捕し、毎年実績報告書を提出している。

　ここで、総漁獲量は魚類のほか貝類、エビ類など16種類の合計量であるが、後述のとおりシジミ類が極端に変動したことから、検討においては「魚類漁獲量」（魚類、その他魚介類を含む）と「シジミ類漁獲量」とに分けた。

　漁獲量は八郎湖増殖漁業協同組合員が調整池、承水路および船越水道で漁獲されたもので、一般の遊漁者によるものは含まれていない。

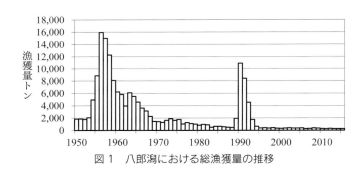

図1　八郎潟における総漁獲量の推移

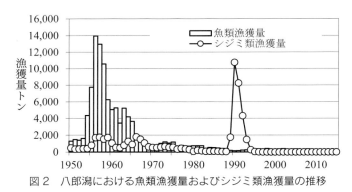

図2　八郎潟における魚類漁獲量およびシジミ類漁獲量の推移

3.1 漁獲量の推移

　干拓前から直近までの66年間における総漁獲量は、明瞭に大きな二つの峰が認められる。一つは1956年15,940トンで、もう一つは1990年10,899トンである（図

1）。総漁獲量は魚類（シジミ類以外の魚介類を含む）とシジミ類との合計であることから，それぞれについて示す（図2）。

魚類漁獲量は，1954年から激増し，1956年13,952トンがピークとなり，その後激減し，1986年以降は500トン以下のきわめて低い水準が続き，直近の2015年は254トンである。この極端な変動は，後述のとおり干拓事業によるものである。

シジミ類漁獲量は，1957年に1,759トンとなり，以降は変動しながら，1988年に47トンとなった。しかし，翌1989年1,755トンとなり，1990年には10,750トンとピークを示し，1995年は100トン以下，直近の2015年は0.3トンである。これは後述するとおり，ヤマトシジミの大量発生によるものであるが，最近のシジミ類には若干量ではあるがセタシジミも含まれている。

なお，秋田県海面漁獲量（1952〜2013年）と比較すると，過去62年間のそれは最高1968年33,579トン（内ハタハタ20,271トン）であるが，最近10年間（2004〜2013年）の平均漁獲量は8,896.8±1,436.4トンである。

すなわち，八郎潟総漁獲量の最大値（干拓前1956年の約1万6千トン）は，最近の海面漁獲量の約1.8倍に相当する。このことは，干拓前の八郎潟の生産量がいかに豊かであったか，また，干拓後でもヤマトシジミの大量発生に認められたように，八郎湖が持つ大きな生産能力に驚かされる。なお，現在の最近の八郎湖漁獲量（2006〜2015年の10年間における平均漁獲量）は289.7±39.8トンとなっているが，この内容については資源量や需要と生産との関係などについて検討する必要があると推察される。

3．2 干拓前と最近の漁獲量の比較

八郎潟では1957年12月に八郎潟干拓漁獲補償が妥結し，翌1958年4月から八郎潟干拓事業が開始され，以降，約20年を経て1977年4月に八郎潟干拓事業は全面完工した[2]。ここで干拓前後の漁獲量を比較する。干拓前の漁獲量はきわめて大きく変動していることから，比較的安定している期間として1950〜1953年までの4年間の平均漁獲量とした。また，干拓後の漁獲量としてはシジミ類の大量発生が終了後で，直近の2011〜2015年の5年間の平均漁獲量とした。

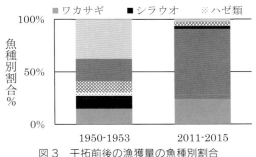

図3　干拓前後の漁獲量の魚種別割合

漁獲量は干拓前1,894.5トンであるのに対し干拓後は265.1トンと約14％と激減しているが，前述のとおり干拓面積は21.8％まで減少していることを勘案すると，単位あたり漁獲量では前者は85.8kg/haであるのに対して後者は55.0/haとなっており，その減少率は64.1％で極端な変化ではないように見える。しかし両者の魚種別漁獲割合では，ワカサギは15％から91％へ，シラウオは12％から3％へ，シジミ類は21％から0.2％へ，コイ・フナ類，ハゼ類の激減がなどとなっている（図3）。さらに，その他の水生生物が35％から2％へとなっているが，この内容は，ボラ類，スズキ，コノシロ，カレイ類，サヨリ類，エビ類，アミ類などである。すなわち，干拓後の八郎湖は魚種が単純化し多様な生物性が著しく減少し，ワカサギだけの単一魚種が占有するという，きわめて異様な状況を呈している。

3.3 主要魚種の動向

シジミ類の大量発生の際，漁業者は多くの漁獲努力をそこに向かったため，他の魚種に対する漁獲量は大きく減少した。このため，主要魚種の動向に関してはシジミ類漁獲量が100トン台に減少した1994年以降から2015年までの推移について検討した。

（1）ワカサギ

本種漁獲量は，最大342トン，最小221トン，平均270.7トンで，変動係数13.4％と，他魚種と比較して非常に安定している（図4）。また前述のとおり，総漁獲量に占める本種の割合は最近では90％を超えている。この背景には，需要減少による漁獲量制限のため漁獲量は安定しているように見えること，それにもかかわらず，食用魚種は数種で漁獲努力量が本種に向かうことなどがある。

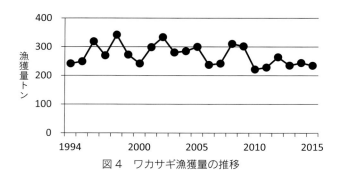

図4　ワカサギ漁獲量の推移

さらに，本種は水温が低い3～4月に産卵し寿命が主として1年であること，比較的小型で回遊しているため湖岸に生息するオオクチバスによる食害が少ないことなどがある。

このような中で，単一魚種が占有するという現状はきわめて不安定であり，何らかの理由により資源が大きく潰れる可能性がある。今後とも，継続して監

視していく必要がある。
（2）シラウオ

本種の漁獲量は，最大27.4トン，最小1.7トン，平均14.5トンで，変動係数51.4％と比較的大きい（図5）。最近では2008年27トンから，以降，順に19トン，18トン，17トンと漸減し，2012年5トンとなり，2013年は過去最低の1.7トンとなった。しかし，2014年からわずかに増加し，直近の2015年は9.9トンを示した。しかし，全体としてはきわめて低い水準であり，単価がワカサギの10倍近くも高価であることから，しらうお機船船びき網漁業者にとってきわめて重要な問題である。しかし，湖内に生息する本種の遡上および降下の実態や，産卵時期や産卵場の範囲などほとんど把握されていない。本種は1年魚であり大きく変動する可能性があり，調査研究とともに今後とも注視する必要がある。

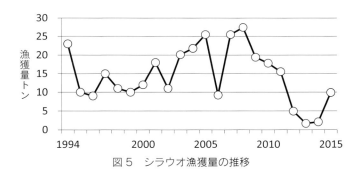

図5　シラウオ漁獲量の推移

（3）ハゼ類およびフナ類

ハゼ類およびフナ類の漁獲量は一貫して減少しており，変動も大きい（図6）。1994年の漁獲量は，ハゼ類30トン，フナ類23トンであったが，直近の2015年は前者0.3トン，後者3.5トンと激減しており，この状態では資源を維持することも難しい状況である。

図6　ハゼ類およびフナ類漁獲量の推移

103

ハゼ類の漁獲対象魚は，地元では「なっとうごり」と呼ばれるハゼ科のジュズカケハゼが主体である。フナ類で漁獲されるのは,地元で好まれる「まぶな」と呼ばれるギンブナで，小型の個体は佃煮として高い需要がある。釣り目的に放流されたゲンゴロウブナは，大型になるが食用にはならず漁獲対象とはしない。ハゼ類およびフナ類は佃煮だけではなく，食文化としても強く必要とされており，今後とも留意しなくてはならない。

(4) シジミ類の漁獲状況

　本種の漁獲量は1990年に1万トンを超える大きな単峰があるが，その前の1957年および1966年に，それぞれ1,800トン前後の小さなピークが認められる。これらは，各年級群の存在を示唆しており，本種の特性を反映しているとともに，今後の管理に重要な意味を持つと推察される（図7）。

　湖内におけるヤマトシジミの大発生の経緯，漁獲量などについてはいくつかの報告があり[10],[11]，その概略を述べる。

①シジミ類3種の生息状況

　八郎湖には，シジミ類3種が生息している。琵琶湖産のセタシジミは1968年から20年間以上も毎年1～7トンが放流され，繁殖していた。1986年には数十トンも漁獲されたこともあるが,大量死亡がありその後は放流を中止し，現在は認められていない。マシジミは殻長10mm以下のため，利用されていない。ヤマトシジミは宍道湖産，十三湖産，小河原湖産などが，1979年から現在まで不定期に放流されている。

②湖内への海水の流入とヤマトシジミの大量発生

　1987年8月下旬から9月上旬に防潮水門工事があり，その間，台風の影響により海水が湖内に流入した。湖内の塩分量は10月に15,300ppmで，年内は1,000ppmを超える状態であったが，翌春には以前の状態に戻った。このような中で1988年3月に，調整池全体でヤマトシジミ3～5mmの稚貝が，約3,000個体/㎡の高密度で認められた。翌1989年から操業され，漁獲量は1990年に10,750トンになった。しかし，その後再生産しないことから急激に

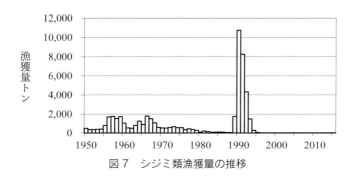

図7　シジミ類漁獲量の推移

減少し，1994年には281トン，翌1995年は58トンとなり，2000年以降は，2トン以下となっている。すなわち，1987年に発生したものはその単一の年級群であり，その後に加入したものはなかったと推察される。

なお，1993年以降，秋田県水産振興センターでヤマトシジミの種苗生産が行われ，0.2mm程度の初期稚貝を毎年0.2〜4.3億個が放流されていた。しかし，放流効果が認められないことから中止したが，最近になって試験的に種苗生産，放流が行われている。

4．漁業者の推移

八郎湖での漁業は，八郎湖増殖漁業協同組合員が秋田県の許可により操業している。同組合は1966年に組合員988人が創立し，その後組合員数は1975年1,093人であったが，2013年には221人，直近の2015年には173人まで減少した（5年間隔，図8）。

減少傾向は一定ではなく，1984年774人から1993年714人までは比較的緩やかに減少するが，以降，1998年572人を境に大きく減少する。これはこの時期，ヤマトシジミの大量漁獲が終わり，その後は組合員にとって魅力的な漁業がないことによると推察される。

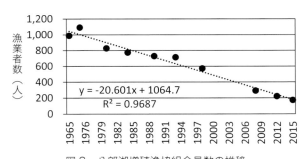

図8　八郎湖増殖漁協組合員数の推移

5．おわりに

八郎潟は干拓を経て八郎湖となり，そこに生息する魚種も漁獲量も大きく変化した。1953年に実施した八郎潟の漁業実態調査では，魚介類のほかカモさし網3,500羽，採藻8,372トンがあり，潟漁業戸数2,770戸あり，動力船590隻，無動力船868隻，漁業人口6,584人がいた[12]。

近年の漁獲状況は，ワカサギ漁獲量の極端な優占，シラウオ漁獲量の大きな変動と激減，ハゼ類とフナ類漁獲量の著しい減少傾向などの特徴が認められる。また，湖内に大発生したヤマトシジミは現在ほぼ絶滅し，水質悪化やアオコの発生，水生植物の減少，外来魚の被害などさまざまな問題がある。

漁業による漁獲物は窒素やリンを湖内から湖外へと回収するという重要な機能があ

る。また，漁業は単に魚としての漁獲物だけではなく，食文化や観光として必須であり，環境のモニタリング機能としても大きい。そのような中で，漁業は漁業者が行うという意味で，漁業者が現在200人以下まで激減したことは非常に大きな問題である。そのためには，漁業者にとって安定した漁獲がなければならないし，それを持続するための資源管理と，その土台となる調査・研究が必須である。

　水産資源は，基本的には再生産可能な生物である。この意味で，環境が残れば永遠に利用できる。八郎湖の漁業に関するさまざまな問題は，それだけではなく流域住民という全体像の中で[13]，具体的な「賢い八郎湖」について考える必要がある。

6．参考文献

1）藤岡一男，1981．八郎潟．秋田大百科．秋田魁新報社，秋田県，p.605.

2）秋田県農政部，1996．秋田県戦後農政史年表．秋田県農政部．pp.1-66.

3）片岡太刀三，1965．八郎潟の魚類，八郎潟の研究，八郎潟学術調査会，秋田県．PP.232-280.

4）杉山秀樹，1981．秋田県に生息する淡水魚類の研究Ⅰ　八郎潟の干拓に伴う魚類相の変遷について．日本水産学会東北支部会報31，18-22.

5）杉山秀樹，2013．八郎潟の干拓にともなう魚類相の変遷．八郎湖流域管理研究2，59-68.

6）後藤　晃，1987．淡水魚－生活環からみたグループ分けと分布域形成，水野信彦・後藤晃（編），日本の淡水魚類－その分布，変異，種分化をめぐって．東京大学出版会，東京．pp.1-15.

7）杉山秀樹，1985．秋田の淡水魚．秋田魁新報社，秋田県．PP. 1-95.

8）杉山秀樹，2005．オオクチバス駆除最前線．無明舎，秋田県．PP. 268.

9）杉山秀樹・木村青史，2015．八郎潟から60年　漁業に何が起きたか．八郎湖流域管理研究2，53-58.

10）渋谷和治・加藤潤，1990．八郎湖において大量に発生したヤマトシジミ．昭和63年度秋田県内水指事報，15，60-105.

11）佐藤　泉，2000．八郎湖．中村幹雄．日本のシジミ漁業　その現状と問題点，たたら書房，島根県．93-103.

12）北条　寿，1968．潟漁業の変遷．八郎潟，秋田大学八郎潟研究委員会，創文社，東京．PP. 138-176.

13）佐藤　了，2003．八郎湖の流域管理を考える．八郎湖流域管理研究2，1-10.

6．八郎潟・八郎湖の魚類リスト

表1　八郎潟・八郎湖における魚類相

No.	目名	科名	標準和名	学名
1	ヤツメウナギ目	ヤツメウナギ科	スナヤツメ類	*Lethenteron* sp.N and/or sp.S
2			カワヤツメ	*L. camtschaticum*
3	トビエイ目	アカエイ科	アカエイ	*Dasyatis akajei*
4	ウナギ目	ウナギ科	ニホンウナギ	*Anguilla japonica*
5		ウミヘビ科	ダイナンウミヘビ	*Ophisurus macrorhynchos*
6		アナゴ科	マアナゴ	*Conger myriaster*
7	ニシン目	ニシン科	マイワシ	*Sardinops melanostictus*
8			サッパ	*Sardinella zunasi*
9			ニシン	*Clupea pallasii*
10			コノシロ	*Konosirus punctatus*
11		カタクチイワシ科	カタクチイワシ	*Engraulis japonica*
12	コイ目	コイ科	コイ	*Cyprinus carpio*
13			ゲンゴロウブナ	*Carassius cuvieri*
14			ギンブナ	*Carassius* langsdorfii
15			ヤリタナゴ	*Tanakia lanceolata*
16			キタノアカヒレタビラ	*Acheilognathus tabira tohokuensis*
17			ゼニタナゴ	*A. typus*
18			タイリクバラタナゴ	*Rhodeus ocellatus ocellatus*
19			ハクレン	*Hypophthalmichthys molitrix*
20			オイカワ	*Opsariichthys platypus*
21			ソウギョ	*Ctenopharyngodon idellus*
22			アブラハヤ	*Phoxinus lagowskii steindachneri*
23			ジュウサンウグイ	*Tribolodon brandtii brandtii*
24			エゾウグイ	*T. sachalinensis*
25			ウグイ	*T. hakonensis*
26			モツゴ	*Pseudorasbora parva*
27			シナイモツゴ	*P. pumila*
28			ビワヒガイ	*Sarcocheilichthys variegatus microoculus*
29			タモロコ	*Gnathopogon elongatus elongatus*
30			ニゴイ	*Hemibarbus barbus*
31		ドジョウ科	ドジョウ	*Misgurnus anguillicaudatus*
32			ヒガシシマドジョウ	*Cobitis* sp. BIWAE type C
33	ナマズ目	ギギ科	ギバチ	*Tachysurus tokiensis*
34		ナマズ科	ナマズ	*Silurus asotus*
35	サケ目	キュウリウオ科	ワカサギ	*Hypomesus nipponensis*
36		アユ科	アユ	*Plecoglossus altivelis altivelis*
37		シラウオ科	シラウオ	*Salangichthys microdon*
38		サケ科	アメマス（エゾイワナ）	*Salvelinus leucomaenis leucomaenis*
39			ニッコウイワナ	*S. leucomaenis pluvius*
40			ニジマス	*Oncorhynchus mykiss*
41			サケ	*O. keta*
42			サクラマス（ヤマメ）	*O. masou masou*
43	アンコウ目	カエルアンコウ科	ハナオコゼ	*Histrio histrio*
44	タウナギ目	タウナギ科	タウナギ	*Monopterus albus*
45	トゲウオ目	トゲウオ科	ニホンイトヨ	*Gasterosteus nipponicus*
46			トミヨ属淡水型	*Pungitius sinensis*
47		ヨウジウオ科	ヨウジウオ	*Syngnathus schlegeli*
48	ボラ目	ボラ科	ボラ	*Mugil cephalus cephalus*

107

No.	目名	科名	標準和名	学名
49			セスジボラ	*Chelon affinis*
50			メナダ	*C. haematocheilus*
51	ダツ目	メダカ科	キタノメダカ	*Oryzias sakaizumii*
52		サヨリ科	クルメサヨリ	*Hyporhamphus intermedius*
53			サヨリ	*H. sajori*
54		トビウオ科	トビウオ類	*Cypselurus* ssp.
55		ダツ科	ダツ	*Strongylura anastomella*
56	スズキ目	メバル科	クロソイ	*Sebastes schlegelii*
57		オニオコゼ科	オニオコゼ	*Inimicus japonicus*
58		コチ科	マゴチ	*Platycephalus* sp.2
59		スズキ科	スズキ	*Lateolabrax japonicus*
60		サンフィッシュ科	オオクチバス	*Micropterus salmoides*
61		コバンザメ科	コバンザメ類	*Echeneis* ssp.
62		アジ科	ブリ	*Seriola quinqueradiata*
63			マアジ	*Trachurus japonicus*
64		ヒイラギ科	ヒイラギ	*Nuchequula nuchalis*
65		イサキ科	コショウダイ	*Plectorhinchus cinctus*
66		タイ科	クロダイ	*Acanthopagrus schlegelii*
67		ニベ科	シログチ	*Pennahia argentata*
68		キス科	シロギス	*Sillago japonica*
69		シマイサキ科	シマイサキ	*Rhynchopelates oxyrhynchus*
70		イシダイ科	イシダイ	*Oplegnathus fasciatus*
71		メジナ科	メジナ	*Girella punctata*
72		アイナメ科	ホッケ	*Pleurogrammus azonus*
73			クジメ	*Hexagrammos agrammus*
74		カジカ科	カマキリ	*Cottus kazika*
75			カジカ	*C. pollux*
76			カジカ中卵型	*C.* sp.
77			カジカ小卵型	*C. reinii*
78			サラサカジカ	*Furcina ishikawae*
79		クサウオ科	クサウオ	*Liparis tanakae*
80		ニシキギンポ科	ギンポ	*Pholis nebulosa*
81			タケギンポ	*P. crassispina*
82		ハタハタ科	ハタハタ	*Arctoscopus japonicus*
83		ネズッポ科	ハタタテヌメリ	*Repomucenus valenciennei*
84		ハゼ科	ミミズハゼ	*Luciogobius guttatus*
85			ヒモハゼ	*Eutaeniichthys gilli*
86			シロウオ	*Leucopsarion petersii*
87			マハゼ	*Acanthogobius flavimanus*
88			アシシロハゼ	*A. lactipes*
89			アカオビシマハゼ	*Tridentiger trigonocephalus*
90			ヌマチチブ	*T. brevispinis*
91			チチブ	*T. obscurus*
92			シマヨシノボリ	*Rhinogobius nagoyae*
93			オオヨシノボリ	*R. fluviatilis*
94			ゴクラクハゼ	*R. similis*
95			トウヨシノボリ	*R.*sp.OR
96			スジハゼ	*Acentrogobius virgatulus*
97			ヒメハゼ	*Favonigobius gymnauchen*
98			スミウキゴリ	*Gymnogobius petschiliensis*
99			ウキゴリ	*G. urotaenia*

No.	目名	科名	標 準 和 名	学 名
100			シマウキゴリ	*G. opperiens*
101			ニクハゼ	*G. heptacanthus*
102			ビリンゴ	*G. breunigii*
103			ジュズカケハゼ	*G. castaneus*
104			チクゼンハゼ	*G. uchidai*
105			アゴハゼ	*Chaenogobius annularis*
106		カマス科	アカカマス	*Sphyraena pinguis*
107		サバ科	マサバ	*Scomber japonicus*
108		タイワンドジョウ科	カムルチー	*Channa argus*
109	カレイ目	ヒラメ科	ヒラメ	*Paralichthys olivaceus*
110		カレイ科	ヌマガレイ	*Platichthys stellatus*
111			イシガレイ	*P. bicoloratus*
112			マコガレイ	*Pseudopleuronectes yokohamae*
113		ササウシノシタ科	シマウシノシタ	*Zebrias zebrinus*
114		ウシノシタ科	クロウシノシタ	*Paraplagusia japonica*
115	フグ目	カワハギ科	ウマヅラハギ	*Thamnaconus modestus*
116		フグ科	ヒガンフグ	*Takifugu pardalis*
117			ショウサイフグ	*T. snyderi*
118			クサフグ	*T. alboplumbeus*
119			トラフグ	*T. rubripes*
15目		55科		119種

分類は日本産魚類検索（中坊 2000., 2018）に従った。

スナヤツメ：秋田県では北方種と南方種の両亜種が認められているが、ここでは不明である。

ギンブナ：片岡（1965）にはキンブナの記載があるが、分布等から誤同類と推察した。

キタノアカヒレタビラ：片岡（1965）ではイチモンジタナゴとタナゴが記載されているが、アカヒレタビラの誤同定と推察される。

ビワヒガイ：片岡（1965）、杉山（1865）ではヒガイと記載されているが、その後の再分類によりビワヒガイに該当する。

ニッコウイワナ：杉山（1865）ではエゾイワナだけ記載されているが、亜種であるニッコウイワナも認められる。

ハナオコゼ：片岡（1965）ではイザリウオと記載されているが、文献の記載内容からハナオコゼの誤同定と推察される。

マゴチ：片岡（1965）、杉山（1986）ではコチと記載されているが、その後の再分類によりマゴチに該当する。

シロギス：片岡（1965）ではキスと記載されているが、分布状況からシロギスと推察した。

トウヨシノボリ：片岡（1965）、杉山（1985）ではヨシノボリと記載されているが、その後の再分類によりトウヨシノボリに該当する。

ヌマチチブ：片岡（1965）、杉山（1985）ではチチブと記載されているが、その後の再分類によりヌマチチブに該当する。

アカカマス：片岡（1965）ではアオカマスと記載されているが、分布等からアカカマスに同定と推察した。

表2　八郎潟・八郎湖に生息する魚類の分布・既往文献

No.	標準和名	八郎湖			塩分耐性			外来種	レッドリスト		既往報告書				
		船越水道	調整池	流入河川	純淡水	通し回遊	周縁性		環境省2018	秋田県2016	片岡1965	杉山1965	秋田県2011	秋田県2012	2018未発表
1	スナヤツメ			○	○				VU	VU	○	○	○	○	
2	カワヤツメ	○	○	○		○			EN	EN	○		○	○	○
3	アカエイ	○	○				○				○		○	○	
4	ニホンウナギ	○	○	○		○			EN	DD	○	○	○	○	
5	ダイナンウミヘビ	○					○								○
6	マアナゴ	○					○					○			○
7	マイワシ	○					○							○	○
8	サッパ	○					○				○				○
9	ニシン	○					○				○				
10	コノシロ	○	○				○				○		○	○	
11	カタクチイワシ	○					○				○				
12	コイ	○	○	○	○						○	○	○	○	
13	ゲンゴロウブナ	○	○	○	○			国内産			○	○	○	○	
14	ギンブナ	○	○	○	○						○	○	○	○	
15	ヤリタナゴ		○	○					NT	EN			○	○	
16	キタノアカヒレタビラ		○	○					EN	EN			○	○	
17	ゼニタナゴ		(○)		○				CR	CR	○				
18	タイリクバラタナゴ	○	○	○				国外産					○	○	
19	ハクレン		○	○				国外産					○	○	
20	オイカワ	○	○	○				国内産					○	○	
21	ソウギョ		○	○				国内産					○	○	
22	アブラハヤ		○	○									○	○	
23	ジュウサンウグイ	○	○			○			LP	VU	○				
24	エゾウグイ		○	○	○				LP	VU					
25	ウグイ	○	○	○	○						○		○	○	
26	モツゴ	○	○	○				国内産			○		○	○	
27	シナイモツゴ		(○)		○				CR	CR	○				
28	ビワヒガイ	○	○	○				国内産					○	○	
29	タモロコ		○	○				国内産					○	○	
30	ニゴイ		○	○									○	○	
31	ドジョウ	○	○	○	○				NT	DD	○		○	○	
32	シマドジョウ		○	○									○	○	
33	ギバチ		○	○					VU	VU			○	○	
34	ナマズ		○	○	○					DD			○	○	
35	ワカサギ	○	○	○		○					○	○	○	○	
36	アユ	○	○	○		○					○		○	○	
37	シラウオ	○	○	○		○				N	○		○	○	
38	アメマス(エゾイワナ)	○	○	○									○	○	
39	ニッコウイワナ			○					DD	DD			○		
40	ニジマス			○	○			国外産					○		
41	サケ	○	○	○		○					○		○	○	
42	サクラマス(ヤマメ)	○	○	○		○			NT	N			○	○	
43	ハナオコゼ	○					○				○				
44	タウナギ		○	○	○			国外産							○
45	ニホンイトヨ	○	○	○		○			LP	CR	○		○	○	
46	トミヨ属淡水型	○	○	○	○				LP	VU	○		○	○	
47	ヨウジウオ	○					○				○			○	
48	ボラ	○	○	○			○				○		○	○	
49	セスジボラ	○					○				○			○	
50	メナダ	○	○				○				○		○	○	
51	キタノメダカ	○	○	○	○				VU	VU	○		○	○	
52	クルメサヨリ	○	○			○			NT	DD	○		○	○	

No.	標準和名	八郎湖			塩分耐性			外来種	レッドリスト		既往報告書				
		船越水道	調整池	流入河川	純淡水	通し回遊	周縁性		環境省2018	秋田県2016	片岡1965	杉山1985	秋田県2011	秋田県2012	2018未発表
53	サヨリ	○					○				○	○		○	
54	トビウオ類	○					○				○			○	
55	ダツ	○					○				○			○	
56	クロソイ	○					○						○	○	
57	オニオコゼ	○					○				○			○	
58	マゴチ	○					○				○	○	○	○	
59	スズキ	○	○	○			○				○	○		○	
60	オオクチバス	○	○	○	○			国外産						○	
61	コバンザメ類						○				○			○	
62	ブリ	○					○				○			○	
63	マアジ	○					○							○	
64	ヒイラギ	○	○				○					○		○	
65	コショウダイ	○					○				○			○	
66	クロダイ	○	○				○				○	○		○	
67	シログチ	○					○							○	
68	シロギス	○					○				○			○	
69	シマイサキ	○					○				○			○	
70	イシダイ	○					○				○			○	
71	メジナ	○					○							○	
72	ホッケ	○					○							○	
73	クジメ	○					○							○	
74	カマキリ	○	○	○		○			VU	EN		○	○	○	
75	カジカ			○	○				NT	NT	○	○		○	
76	カジカ中卵型	○				○			EN	EN				○	
77	カジカ小卵型							国内産							○
78	サラサカジカ	○					○				○			○	
79	クサウオ	○					○				○		○	○	
80	ギンポ	○					○				○			○	
81	タケギンポ	○					○							○	
82	ハタハタ	○					○				○			○	
83	ハタタテヌメリ	○					○							○	
84	ミミズハゼ	○				○				NT	○	○		○	
85	ヒモハゼ	○				○			NT	NT				○	
86	シロウオ	○	○			○			VU	NT		○	○	○	
87	マハゼ	○	○	○		○						○	○	○	
88	アシシロハゼ	○	○			○						○	○	○	
89	アカオビシマハゼ	○					○							○	
90	ヌマチチブ	○	○	○		○								○	
91	チチブ	○				○				DD				○	
92	シマヨシノボリ	○	○	○		○							○	○	
93	オオヨシノボリ	○	○	○		○							○	○	
94	ゴクラクハゼ	○				○						○		○	
95	トウヨシノボリ	○	○	○	○						○	○		○	
96	スジハゼ	○					○							○	
97	ヒメハゼ	○					○							○	
98	スミウキゴリ			○		○			LP	NT				○	
99	ウキゴリ	○	○	○		○					○	○		○	
100	シマウキゴリ	○					○			DD	○			○	
101	ニクハゼ														
102	ビリンゴ	○				○				NT	○		○	○	
103	ジュズカケハゼ	○	○	○	○				NT	N		○		○	
104	チクゼンハゼ	○				○			VU	NT				○	
105	アゴハゼ	○					○							○	

No.	標準和名	八郎湖			塩分耐性			外来種	レッドリスト		既往報告書				
		船越水道	調整池	流入河川	純淡水	通し回遊	周縁性		環境省2018	秋田県2016	片岡1965	杉山1985	秋田県2011	秋田県2012	2018未発表
106	アカカマス	○					○				○			○	
107	マサバ	○					○						○	○	
108	カムルチー	○	○	○	○			国外産			○	○	○	○	
109	ヒラメ	○					○				○		○	○	
110	ヌマガレイ	○	○				○				○	○	○	○	
111	イシガレイ	○					○				○	○			
112	マコガレイ	○					○						○	○	
113	シマウシノシタ	○					○				○			○	
114	クロウシノシタ	○					○				○			○	
115	ウマヅラハギ	○					○				○				
116	ヒガンフグ	○					○						○	○	
117	ショウサイフグ	○					○						○	○	
118	クサフグ	○					○				○	○	○	○	
119	トラフグ	○					○						○	○	
	119種	97種	53種	47種	32種	27種	58種	13種	25種	31種	73種	56種	82種	117種	1種

重要種 (RL) については、環境省 (2018)、秋田県 (2016) に従い、CR: 絶滅危惧 IA 類、EN: 絶滅危惧 IB 類、VU: 絶滅危惧 II 類、NT: 準絶滅危惧種、DD: 情報不足種、LP: 絶滅のおそれのある地域個体群、とした。

おわりに

　八郎潟から60年が経ち、魚に何が起きたのだろうか。逆に言えば、何が変わらなかったのだろうか。確かに、漁獲量が激減し、漁業者はいなくなり、食文化も衰退した。八郎潟と違い八郎湖は淡水の「湖」であり、干拓前と後でまったく別のものだという人もいるだろう。

　しかしこの二つは何が違うのだろうか。実際には、今も昔もその場所にはサケやサクラマスが入り、ワカサギやシラウオがそこで成育しており、ちょっと前には1万トンを超えるヤマトシジミがとれたのだ。こうやって見ると、水面積は5分の4が無くなったが、5分の1は残っている場所であり、そこには今でも日本有数のワカサギが漁獲している場所なのだ。

　今何が起きているのだろうか。アオコや水質悪化の対応策について話すことはあっても、実際にこの場所に魚がいることは忘れられている。ここには魚の種類や量は変化するが、昔も今も魚がいるし、素晴らしい技術を持っている漁業者がいるのだ。地域の住民がこのことを忘れ、単なる水がある場所としかならなくなったとき、八郎潟・八郎湖は本当に死ぬときなのだ。

　最後になりますが、次の皆さまに、本書の作成に当たり現場調査、撮影、写真等に関し協力、指導していただき、心から深く感謝します。
秋田県生活環境部環境管理課八郎湖環境対策室、秋田県水産振興センター、秋田県立図書館、秋田県立博物館、青谷晃吉、浅井ミノル、天野荘平、石成亮平、石原元、一関晋太朗、大和田滋紀、潟上市教育委員会、木村青史、草薙利美、熊谷雅之、小林金一、今野清文、酒井治己、佐藤正人、櫻庭長治郎（故人）、櫻庭新之助、杉山文子、瀬崎啓次郎（故人）、八郎湖増殖漁業協同組合、馬場目川漁業協同同組合
（敬称略）

113

〔参考文献〕

明仁・坂本勝一．1989．シマハゼの再検討．魚類学会誌36(1)，100-112．

秋田県農政研究会．1957．水産業の部，秋田県農林水産累年統計表，123-140．秋田県農林部水産課．

秋田県水産試験場．1916．八郎湖水面利用調査報告書．118pp．

秋田県水産試験場．1936．八郎湖水産基本調査報告書．67pp．

秋田県水産試験場．1938．鰻児移殖事業．昭和11年度　試験事業報告書，56-57．秋水試．

秋田県水産試験場．1938．源五郎鮒移殖事業．昭和11年度試験事業報告書，57p．秋田県水産試験場．

秋田県水産試験場．1953．八郎潟調査研究資料　第1号．8pp．

秋田県水産試験場．1953．八郎潟調査研究資料　第2号．15pp．

秋田県水産試験場．1954．八郎潟調査研究資料　第3号．28pp．

秋田県．2011．平成22年度　広域河川改修事業　22-KA31-Y1　河川水辺の国勢調査業務委託報告書「概要編」．秋田県，38pp．

天野翔太・酒井治己．2014．降海性コイ科魚類ウグイ属マルタ2型の形態的分化と地理的分布．水産大学校研究報告 63(1)：17-32．

Doi, A.・Shinzawa, H. 2000. *Tribolodon nakamurae,* A new Cyprinid fish from the middle part of Honshu Island,Japan. The Ruffles Bull. Zool., 241-247.

道津喜衛．1957．チクゼンハゼの生態・生活史．魚類学雑誌 6(4-6)：97-104．

後藤　晃．1987．淡水魚－生活環からみたグループ分けと分布域形成．水野信彦・後藤晃（編），pp.1-15．日本の淡水魚類－その分布，変異，種分化をめぐって．東京大学出版会，東京．

半田市太郎．1966．八郎潟近世漁業史年表．八郎潟近世漁業史料，102-112．みしま書房．秋田市．

Higuchi, M・Sakai, H・Goto, A. 2014. A new threespine stickleback, *Gasterosteus nipponicus* sp. nov. (Teleostei: Gasterosteidae), from the Japan Sea region. Ichthyol Res 61:341–351.

北条　寿．1968．潟漁業の変遷．秋田大学八郎潟研究委員会編，八郎潟．創文社，東京，pp.138-176．

細谷和海．2015．山渓ハンディ図鑑15　日本の淡水魚．山と渓谷社．527pp．東京．

一関晋太郎．2016．チクゼンハゼ．秋田県の絶滅のおそれのある野生生物－秋田県版レッドデータブック2016－動物Ⅰ，100秋田県生活環境部自然保護課．

池田兵司・井手嘉雄．1938．秋田県の淡水魚類．名古屋生物学会報，24-32．

今井千文・酒井治己・新井崇臣．2008．コイ科の希少種ウケクチウグイの耳石Sr：Ca比解析による河川型生活史の検証．水産大学校研究報告 57(2)：137-141．

井上晴夫．1965．八郎潟の沿岸及び湖底の動物．八郎潟の研究，八郎潟学術調査会，282-314．

片岡太刀三．1965．八郎潟の魚類．八郎潟の研究，八郎潟学術調査会，232-280．

片岡太刀三．1972．魚のふしぎな話　八郎潟．男鹿市教育委員会．102pp．

加藤源治・片岡太刀三．1954．八郎潟に遡河するセイゴとアユ．八郎潟調査研究資料第3号，26-28．秋田県水産試験場（謄写）．

Katsuyama I., Arai, R., and Nakamura M. 1972. *Tridentiger obscurus brevispinus,* a new gobiid fish from Japan. Bull. Natn. Sci. Mus. 15(4)593-606.

小林寛卓・加納光樹・古屋康則・桑原正樹・鬼倉徳雄・杉山秀樹・曽我部　篤．2018．日本国内におけるクルメサヨリの遺伝的個体群構造．2018年度日本魚類学会講演要旨．

近藤　正．2016．八郎湖の水質と水質汚濁機構の解析－八郎湖の水循環と汚濁負荷特性－．八郎湖流域管理研究4，11-20．秋田県立大学．

近藤高貴．2008．日本産イシガイ目貝類図譜．69pp．日本貝類学会特別出版物第3号，69pp．

Konishi, M・Sakano, H・Iguchi, K. 2009. Identifying conservation priority ponds of an endangered minnow, *Pseudorasbora pumila,* in the area invaded by Pseudorasbora parva. Ichthyol Res 56:346-353.

小西　繭．2010．シナイモツゴ：希少になった雑魚をまもる．シリーズ・Series 日本の希少魚類の現状と課題．魚類学雑誌57（1）：80-83.

河野光久・三宅博哉・星野　昇・伊藤欣吾・山中智之・甲本亮太・忠鉢孝明・安渾　弥・池田　怜・大慶則之・木下仁徳・児玉晃治・手賀太郎・山崎　淳・森　俊郎・長濱達葺・大谷徹也・山田英明・村山達朗・安藤朗彦・甲斐修也・土井啓行・杉山秀樹・飯田新二・船木信一．2014．日本海産魚類目録．山口県水産研究センター研究報告（11）：1-30.

琴丘町郷土誌．1970．八郎潟漁業の歴史．琴丘町郷土誌，142-147．山本郡琴丘町．秋田県．

馬渕孝司・瀬能　宏・武島弘彦・中井克樹・西田　睦．2010．琵琶湖におけるコイの日本在来mtDNAハプロタイプの分布．魚類学雑誌，57（1）1-12.

馬渕浩司・松崎慎一郎．2017．日本の自然水域のコイ：在来コイの現状と導入コイの脅威．魚類学雑誌，64（2）：213-218.

増田　修・内山りゅう．2004．日本産淡水貝類図鑑〈2〉汽水域を含む全国の淡水貝類．240pp．ピーシーズ．東京．

松本清二・岩田勝哉．1977．タウナギの雄による卵保護と仔稚魚の口内保育．魚類学会誌44（1），34-41.

松谷紀明．2016．小川原湖及び高瀬川水系におけるウナギ調査．水と漁，6．青森県産業技術センター水総研・内水研．

三浦五郎・山口正男・片岡太刀三．1953．八郎潟の棲息魚種について．八郎潟調査研究資料第1号，1．秋田県水産試験場（謄写）．

向井貴彦・渋川浩一・篠崎敏彦・杉山秀樹・千葉　悟・半澤直人．2010．ジュズカケハゼ種群：同胞種群とその現状．シリーズ・Series 日本の希少魚類の現状と課題．魚類学雑誌57（2）：173–176.

中坊徹次編．2000．日本産魚類検索全種の同定　第二版．628pp．東海大学出版会．秦野．

中坊徹次編．2018．小学館の図鑑Z　日本魚類館．524pp．小学館，東京．

中島　淳．2017．日本のドジョウ．223pp．山と渓谷社．東京．

中島経夫・廣田大輔．2016．中山遺跡から出土したコイ科魚類咽頭骨（歯）遺存体．発掘調査報告書上條信彦編．冷温帯地域の遺跡資源の保存活用促進プロジェクト研究報告書6　八郎潟沿岸における低湿地遺跡の研究　秋田県五城目町　中山遺跡発掘調査報告書，429-439.

日本の食生活全集5　秋田　編集委員会．1986．農村漁村文化協会．357pp.

中村守純．1969．日本のコイ科魚類：日本産コイ科魚類の生活史に関する研究．資源科学研究所．455pp.

岡田弥一郎・中村守純．1948．日本の淡水魚類．208pp．日本出版社．大阪市．

酒井治巳・斉藤貴行・竹内　基・杉山秀樹・桂　和彦．2007．東北地方におけるコイ科エゾウグイとアブラハヤの属間雑種．水産大学校研究報告55（2）：45-52.

酒井治己・宮内亮哉・竹田大地・樋口正仁・後藤　晃．2013．イトヨ*Gasterosteus aculeatus*日本海型と太平洋型の鱗板形態と分布．日本生物地理学会会報 68：57-63.

Sakai, H・Amano, S. 2014. A new subspecies of anadromous Far eastern dace, *Tribolodon brandtii maruta* subsp. nov. (Teleostei, Cyprinidae) from Japan. Bulletin of the National Museum of Nature and Science, Series A (Zoology), 40: 219-229.

佐藤　泉．2000．八郎湖．日本のシジミ漁業　その現状と問題点．93-103．たたら書房．島根県．

瀬能　宏．2015．琵琶湖のコイ在来型．レッドデータブック2014—日本の絶滅のおそれのある野生生物—4　汽水・淡水魚類，382-383．環境省（編）．

渋谷和治・加藤 潤. 1989. 八郎潟において大量発生した ヤマトシジミ. 秋田県内水指事報, 15, 60-105.

Stevenson, D, E. 2002. Systematics and Dustribution of Fishes of the Asian Goby Genera Chaenogobius and Gymnogobius（Osteichthys:Perciformes:Gobiidae）with the Description of a New Species. Species Diversity, 7:251-312.

杉山秀樹. 1981. 秋田県に生息する淡水魚類の研究Ⅰ 八郎潟の干拓に伴う魚類相の変遷について. 日本水産学会東北支部会報31, 18-22.

杉山秀樹. 1981. 秋田県に生息する淡水魚類の研究Ⅱ 秋田県に生息する淡水性カジカ属4種の分布について. 日本水産学会東北支部会報31, 22-26.

杉山秀樹. 1984. 秋田県における淡水魚類相とその特徴. 日本水産学会東北支部会報34, 93-97.

杉山秀樹. 1985. 秋田の淡水魚. 95PP. 秋田魁新報社.

杉山秀樹. 1997. 淡水魚あきた読本. 183pp. 無明舎出版.

杉山秀樹. 2002. 淡水魚類, 秋田県の絶滅のおそれのある野生生物. 103-117. 秋田県環境と文化のむら協会.

杉山秀樹. 2005. オオクチバス駆除最前線. 268PP. 無明舎出版.

杉山秀樹. 2006. 東北地方における希少淡水魚類－現状と温暖化の影響－ 月刊海洋38(3), 221-227.

杉山秀樹. 2012. 大潟村の魚類. 豊かな大地の多様な生きものたち：大潟村生物調査報告書：51-57.

杉山秀樹. 2013. クニマス・ハタハタ秋田の魚100. 東北企画出版.

杉山秀樹. 2013. 八郎潟の干拓にともなう魚類相の変遷. 八郎湖流域管理研究2：59-68.

杉山秀樹. 2014. ゼニタナゴ. レッドデータブック2014 －日本の絶滅のおそれのある野生生物－, 26-27. 環境省編.（その他、シナイモツゴ、キタノアカヒレタビラ等）

杉山秀樹. 2016. 淡水魚類概説. 秋田県の絶滅のおそれのある野生生物 －秋田県版レッドデータブック2016－動物Ⅰ, 77-80. 秋田県生活環境部自然保護課.

杉山秀樹. 2016. 八郎潟の干拓にともなう漁業資源の変遷. 水環境学会誌39(7)234-237.

杉山秀樹・森 誠一. 2009. トミヨ属雄物型：きわめて限定された生息地で湧水に支えられる遺存種の命運. シリーズ・Series 日本の希少魚類の現状と課題. 魚類学雑誌56(2)：171-175.

杉山秀樹・木村青史. 2014. 八郎潟から60年、漁業に何が起きたか. 八郎湖流域管理研究3：53-58.

鈴木寿之・渋川浩一・矢野維幾. 2004. 決定版日本のハゼ. 334pp. 平凡社.

田中茂穂. 1936. 日本の魚類. 334pp. 大日本図書株式会社, 東京.

高木和徳. 1966. 日本産ハゼ亜目魚類の分布および生態. 東京水産大学研究報告52(2), 83 〜 127.

高木和徳. 1966. ハゼ科魚類の1種, ChamogobiusanmlarisGill, 1858, の分類および同定-Ⅱ. C.anmlaris Gill sensu Tomiyamaの種的異質性. 付, ジュズカケハゼ属(新称), Rhodoniichthys, gen. nov.,の記載. J. TokyoUniv. Fish.,52(1)：29-45.

塚本勝巳. 2006. ウナギの謎はどこまで解き明かされたのか？. 化学と生物(44)12, 865-869.

天樹院公頌徳集編纂会. 1921. 佐竹義和公頌徳集 上巻, 106-107.

立原一憲. 2015. タウナギ属の1種（琉球列島）. レッドデータブック2014—日本の絶滅のおそれのある野生生物—4 汽水・淡水魚類, 60-61. 環境省（編）.

内田武志・宮本常一編. 1973. 菅江真澄全集 第四巻 358 pp. 未来社, 東京.

山口正男. 1955. 八郎湖の魚類相とその産卵・食餌習性の傾向並びに魚類生産の特徴性について, 昭和28年度秋田県水産試験場試験調査事業報告, 93-97.

Yatsu, A., F. Yasuda and Y. Taki. 1978. A new stichaeid fish, Dictyosoma rubrimaculata, from Japan, with notes on the geographic dimorphism in Dictyosoma burgeri. Japan. J. Ichthyol., 25, 40–50.

索　引

あ
アイナメ科 …………………… 34
アカエイ ……………………… 10
アカエイ科 …………………… 10
アカオビシマハゼ …………… 39
アカカマス …………………… 43
アゴハゼ ……………………… 43
アシシロハゼ ………………… 39
アジ科 ………………………… 31
アナゴ科 ……………………… 11
アブラハヤ …………………… 16
アメマス（エゾイワナ）… 22
アユ …………………………… 21
アユ科 ………………………… 21
アンコウ目 …………………… 25
イサキ科 ……………………… 32
イシガレイ …………………… 45
イシダイ ……………………… 33
イシダイ科 …………………… 33
ウキゴリ ……………………… 41
ウグイ ………………………… 17
ウシノシタ科 ………………… 45
ウナギ科 ……………………… 10
ウナギ目 ……………………… 10
ウマヅラハギ ………………… 46
ウミヘビ科 …………………… 10
エゾウグイ …………………… 16
オイカワ ……………………… 15
オオクチバス ………………… 31
オオヨシノボリ ……………… 40
オニオコゼ …………………… 30
オニオコゼ科 ………………… 30

か
カエルアンコウ科 …………… 25
カジカ ………………………… 35
カジカ小卵型 ………………… 36
カジカ科 ……………………… 35
カジカ中卵型 ………………… 35
カタクチイワシ ……………… 12
カタクチイワシ科 …………… 12
カマキリ ……………………… 35
カマス科 ……………………… 43
カムルチー …………………… 44
カレイ科 ……………………… 44
カレイ目 ……………………… 44
カワハギ科 …………………… 46
カワヤツメ …………………… 9
ギギ科 ………………………… 20
キス科 ………………………… 33

キタノアカヒレタビラ …… 14
キタノメダカ ………………… 28
ギバチ ………………………… 20
キュウリウオ科 ……………… 21
ギンブナ ……………………… 13
ギンポ ………………………… 37
クサウオ ……………………… 36
クサウオ科 …………………… 36
クサフグ ……………………… 46
クジメ ………………………… 34
クルメサヨリ ………………… 28
クロウシノシタ ……………… 45
クロソイ ……………………… 21
クロダイ ……………………… 32
ゲンゴロウブナ ……………… 13
コイ …………………………… 12
コイ科 ………………………… 12
コイ目 ………………………… 12
ゴクラクハゼ ………………… 40
コショウダイ ………………… 32
コチ科 ………………………… 30
コノシロ ……………………… 12
コバンザメ …………………… 31
コバンザメ科 ………………… 31

さ
サクラマス（ヤマメ）…… 24
サケ …………………………… 24
サケ科 ………………………… 21
サケ目 ………………………… 21
ササウシノシタ科 …………… 45
サッパ ………………………… 11
サバ科 ………………………… 44
サヨリ ………………………… 28
サヨリ科 ……………………… 28
サラサカジカ ………………… 36
サンフィッシュ科 …………… 31
シナイモツゴ ………………… 17
シマイサキ …………………… 33
シマイサキ科 ………………… 33
シマウキゴリ ………………… 42
シマウシノシタ ……………… 45
シマヨシノボリ ……………… 40
ジュウサンウグイ …………… 16
ジュズカケハゼ ……………… 43
ショウサイフグ ……………… 46
シラウオ ……………………… 22
シラウオ科 …………………… 22
シロウオ ……………………… 38

117

	シロギス	33
	シログチ	33
	スジハゼ	41
	スズキ	30
	スズキ科	30
	スズキ目	29
	スナヤツメ類	9
	スミウキゴリ	41
	セスジボラ	27
	ゼニタナゴ	14
	ソウギョ	15
た	ダイナンウミヘビ	10
	タイリクバラタナゴ	14
	タイワンドジョウ科	44
	タイ科	32
	タウナギ	25
	タウナギ科	25
	タウナギ目	25
	タケギンポ	37
	ダツ	29
	ダツ科	29
	ダツ目	28
	タモロコ	18
	チクゼンハゼ	43
	チチブ	39
	トウヨシノボリ	40
	トゲウオ科	26
	トゲウオ目	26
	ドジョウ	19
	ドジョウ科	19
	トビウオ	29
	トビウオ科	29
	トビエイ目	10
	トミヨ属淡水型	26
	トラフグ	47
な	ナマズ	20
	ナマズ科	20
	ナマズ目	20
	ニクハゼ	42
	ニゴイ	18
	ニシキギンポ科	37
	ニジマス	23
	ニシン	11
	ニシン科	11
	ニシン目	11
	ニッコウイワナ	23
	ニベ科	33
	ニホンイトヨ	26
	ニホンウナギ	10

	ヌマガレイ	44
	ヌマチブ	39
	ネズッポ科	37
は	ハクレン	15
	ハゼ科	38
	ハタタテヌメリ	37
	ハタハタ	37
	ハタハタ科	37
	ハナオコゼ	25
	ヒイラギ	32
	ヒイラギ科	32
	ヒガシシマドジョウ	19
	ヒガンフグ	46
	ヒゲソリダイ	32
	ヒメハゼ	41
	ヒモハゼ	38
	ヒラメ	44
	ヒラメ科	44
	ビリンゴ	42
	ビワヒガイ	18
	フグ科	46
	フグ目	46
	ブリ	31
	ホッケ	34
	ボラ	27
	ボラ科	27
	ボラ目	27
ま	マアジ	32
	マアナゴ	11
	マイワシ	11
	マコガレイ	45
	マゴチ	30
	マサバ	44
	マハゼ	38
	ミミズハゼ	38
	メジナ	34
	メジナ科	34
	メダカ科	28
	メナダ	27
	メバル科	29
	モツゴ	17
や	ヤツメウナギ科	9
	ヤツメウナギ目	9
	ヤマメ	24
	ヤリタナゴ	13
	ヨウジウオ	26
	ヨウジウオ科	26
わ	ワカサギ	21

「八郎潟・八郎湖学叢書」 刊行に寄せて

　干拓前、八郎潟と地域住民の間には密接な心のつながりと豊かな地域文化がありました。漁業を中心とした経済、潟の魚を食べる魚食文化、ヨシ原が広がる景観、八郎太郎伝説や子どもの遊びなどです。しかし、干拓によって周辺地域は八郎潟を奪われ、多くの人たちは八郎潟とともに生きていくことができなくなりました。

　あれから 60 年、残された八郎湖は慢性的な水質悪化とアオコに悩まされています。干拓前 3000 人もいた漁師は 200 人を切りました。今の子供や若者の大部分は八郎湖に行くことも見ることもありません。このままでは潟の歴史や文化も八郎湖の存在すらも忘れられてしまうのではないか。そんな危機感を感じることもあります。

　しかし、同時に、年配の世代を中心に今でも潟に思いを寄せる多くの人々がいるのも事実です。潟の魚介類を食べる食文化も受け継がれ、佃煮産業も継承されています。何より、面積は小さくなったとはいえ、現在でも八郎湖は存在し、厳しい環境の下でたくさんの生きものが生き続けています。

　このような背景を踏まえ、秋田県立大学の教員と住民有志が中心となって、干拓前の「八郎潟」と干拓後の「八郎湖」を連続したものととらえ、その価値を学術的に再評価して社会に発信することが必要だと考えて、2018 年 3 月に「八郎潟・八郎湖学研究会」を立ち上げました。

　この研究会の重要な活動のひとつに書物の刊行があります。八郎潟・八郎湖に関する歴史、自然、文化、民俗、産業などに関わる重要なテーマを取り上げ、関心を持った方々がすぐに手に入れて読んでいただけるようなコンパクトで読みやすい本のシリーズを刊行したい。それが「八郎潟・八郎湖学叢書」です。

　この叢書がきっかけとなって、八郎潟・八郎湖の「これまで」と「これから」について考える方が増えることを心から願っています。

　2019 年 4 月

八郎潟・八郎湖学研究会

会　長　谷　口　吉　光

杉山　秀樹

主な経歴（学歴、職歴など）
昭和49年　東京水産大学（現：東京海洋大学）卒業
昭和52年　秋田県入庁（水産課）
平成20年　秋田県水産振興センター　所長
平成22年〜　秋田県立大学生物資源科学部　客員教授
　　　　　　博士（海洋科学）・技術士（水産増殖）

主な活動・出版
・NPO法人　秋田水生生物保全協会　理事長
・日本魚類学会・自然保護委員会委員
・希少野生動植物種保存推進委員（環境省）
・河川水辺の国勢調査アドバイザー（国交省）
・杉山秀樹「秋田の淡水魚」1985年
・同　上　「田沢湖　まぼろしの魚　クニマス百科」2000年
・同　上　「あきた地魚・旬の魚」2011年
・同　上　「クニマス・ハタハタ　秋田の魚100」2013年
　　　　　　　　　　　　　　　　　　　　　　　ほか

八郎潟・八郎湖学叢書①

八郎潟・八郎湖の魚
干拓から60年、何か起きたのか
さきがけブックレット③

著　　　者	杉山　秀樹
発　行　日	2019年5月30日
発　　　行	秋田魁新報社
	〒010-8601 秋田市山王臨海町1－1
	Tel. 018(888)1859　Fax. 018(863)5353
定　　　価	本体1,300円＋税
印刷・製本	秋田活版印刷株式会社

乱丁、落丁はお取り替えします。
ISBN978-4-87020-408-9　c0045　￥1300E